Walter Wagner

Sicherheitsarmaturen

Kamprath-Reihe

Dipl.-Ing. Walter Wagner

Sicherheitsarmaturen

Vogel Buchverlag

Dipl.-Ing. WALTER WAGNER
Jahrgang 1941, absolvierte nach einer Lehre als Technischer Zeichner ein Maschinenbaustudium und war 1964 bis 1968 Anlagenplaner im Atomreaktorbau; anschließend begann er eine Ausbildung zum Schweiß-Fachingenieur und war ab 1968 Technischer Leiter im Apparatebau, Kesselbau und in der Wärmetechnik. 1974 bis 1997 bekam er einen Lehrauftrag an der Fachhochschule Heilbronn, von 1982 bis 1984 zusätzlich an der Fachhochschule Mannheim und von 1987 bis 1989 an der Berufsakademie Mosbach. Im Zeitraum 1988 bis 1995 war er Geschäftsführer der Hoch-Temperatur-Technik Vertriebsbüro Süd GmbH.
Seit 1992 leitet er Beratung und Seminare für Anlagentechnik: *WTS* Wagner-Technik-Service. Er ist außerdem Obmann verschiedener DIN-Normen und öffentlich bestellter und vereidigter Sachverständiger für Wärmeträgertechnik, Thermischer Apparatebau und Rohrleitungstechnik

Dipl.-Ing. WALTER WAGNER ist Autor folgender Vogel-Fachbücher (Kamprath-Reihe):
Festigkeitsberechnungen im Apparate- und Rohrleitungsbau
Kreiselpumpen und Kreiselpumpenanlagen
Lufttechnische Anlagen
Planung im Anlagenbau
Regelarmaturen
Rohrleitungstechnik
Strömung und Druckverlust
Technische Wärmelehre
Wärmeaustauscher
Wärmeübertragung

Die Deutsche Bibliothek – CIP-Einheitsaufnahme

Wagner, Walter:
Sicherheitsarmaturen/Walter Wagner. – 1. Aufl. – Würzburg: Vogel, 1999
(Vogel-Fachbuch) (Kamprath-Reihe)
ISBN 3-8023-1749-1

ISBN 3-8023-1749-1
1. Auflage. 1999
Alle Rechte, auch der Übersetzung, vorbehalten. Kein Teil des Werkes darf in irgendeiner Form (Druck, Fotokopie, Mikrofilm oder einem anderen Verfahren) ohne schriftliche Genehmigung des Verlages reproduziert oder unter Verwendung elektronischer Systeme verarbeitet, vervielfältigt oder verbreitet werden. Hiervon sind die in §§ 53, 54 UrhG ausdrücklich genannten Ausnahmefälle nicht berührt.
Printed in Germany
Copyright 1999 by Vogel Verlag
und Druck GmbH & Co. KG, Würzbug
Satzherstellung: Fotosatz-Service Köhler GmbH, Würzburg

Vorwort

Obwohl Sicherheitsarmaturen für eine Anlage von entscheidender Wichtigkeit sind, werden diese bei der Auslegung und Anlagenplanung oftmals «nebenbei behandelt».
Für die Bemessung des Öffnungsquerschnittes gelten als wesentliche Grundlage die AD-Merkblätter A1 und A2. Jedoch auch die Druckverluste in der Ausblaseleitung sowie die Geräuschentwicklung und die Reaktionskräfte beim Abblasen sind zu beachten.
Eine rein theoretische Beschreibung der Technologie ist für praktizierende Fachleute wenig hilfreich. Es war daher sinnvoll, praktische Erfahrungen von Herstellerfirmen zu berücksichtigen, und deshalb wurden viele Teile aus Firmenschriften übernommen und praktische Beispiele gewählt. WTS-Seminar-Vorträge für Praktiker von Fachleuten auf dem Gebiet der Regelarmaturen fanden ebenso Berücksichtigung.
Insbesondere will ich hier Herrn Dr.-Ing. B. Föllmer (Fa. Bopp & Reuther), Hern Dipl.-Ing. I. Stremme (Fa. Leser), Herrn Dipl.-Ing. M. Rogge (Fa. ELFAB), und Herrn Dipl.-Btrw. R. Diederichs (Fa. STRIKO) für die Bereitstellung der technischen Unterlagen und ihre exzellenten Ausführungen danken.
Das Buch wendet sich an Studenten von Universitäten und Fachhochschulen der Fachrichtungen Maschinenbau, Verfahrenstechnik, Versorgungstechnik, Kraftwerkstechnik, Umwelttechnik und Heizungstechnik. Ebenso wertvoll ist es für Projektierungs-, Konstruktions- und Betriebsingenieure sowie allen Technikern, die in ihrer Berufspraxis mit der Auswahl von Sicherheitsarmaturen bei der Anlagenplanung bzw. Konstruktion und mit deren Betreuung im betrieblichen Einsatz zu tun haben.
Resonanz aus Leserkreisen ist mir stets willkommen. Dem Vogel Buchverlag danke ich für die gewohnt hervorragende Zusammenarbeit.

St. Leon-Rot   Walter Wagner

Inhaltsverzeichnis

Vorwort			5
1	Einleitung		9
2	Ermittlung des abzuleitenden Massenstroms		13
	2.1	Berechnungsbeispiele	13
	2.2	Gleichungen für die Überströmung	16
3	Sicherheitsventile		17
	3.1	Bauarten	17
		3.1.1 Aufbau und Funktion eines Sicherheitsventils	17
		3.1.2 Ausführungsarten und Funktionsunterschiede	20
	3.2	Durchfluß am Ventilsitz	22
		3.2.1 Flüssigkeiten	22
		3.2.2 Besondere Flüssigkeiten	25
		3.2.2.1 Siedende Flüssigkeiten	25
		3.2.2.2. Zähe Flüssigkeiten	25
		3.2.3 Gase	26
		3.2.4 Ausflußziffer	30
		3.2.4.1 Definition von α- und α_w-Wert	30
		3.2.4.2 Hubbegrenzung	33
		3.2.4.3 Berechnungsbeispiele	33
	3.3	Ventilzuleitung	38
		3.3.1 Zuleitung von Flüssigkeiten	40
		3.3.2 Zuleitung von Gasen und Dämpfen	40
		3.3.2.1 Berechnungsbeispiel	43
	3.4	Ausblaseleitung	44
		3.4.1 Ausblaseleitung für Flüssigkeiten	45
		3.4.2 Ausblaseleitung für Gase und Dämpfe	46
		3.4.2.1 Berechnungsbeispiel	49
	3.5	Druckstoß in der Zuleitung	49
		3.5.1 Druckstoßvorgänge in langen Zuleitungen	50
		3.5.2 Berechnungsbeispiel	52
	3.6	Reaktionskraft beim Ausströmen	53
		3.6.1 Stationäre Kräfte	53
		3.6.2 Instationäre Kräfte	56
		3.6.3 Biegemomente bei Sicherheitsventilen	57
		3.6.3.1 Berechnungsbeispiele	57
	3.7	Lärmbelastung	58
		3.7.1 Geräuschursachen	58
		3.7.2 Schallpegel	59
		3.7.3 Schallausbreitung	59
		3.7.4 Berechnung	59
		3.7.4.1 Vereinfachte Berechnung nach VDI 2713	59
		3.7.4.2 Berechnung nach VDMA 24 422	60
		3.7.5 Schalldämpferauslegung	61
		3.7.5.1 Berechnung nach VDI 2173	61
		3.7.5.2 Berechnung nach VDMA 24 422	62
	3.8	Seismische Belastungen	63
	3.9	Zündfähige Höhe des Ausblasefreistrahls	64
	3.10	Konstruktion und Anwendung	65
		3.10.1 Gewichtsbelastete Sicherheitsventile	65
		3.10.2 Federbelastete Sicherheitsventile	66

		3.10.3	Gesteuerte Sicherheitsventile	69
		3.10.4	Überströmventile	70
		3.10.5	Dichtheit	72
		3.10.6	Datenblatt für Sicherheitsventile	74
		3.10.7	Anwendungen	74
	3.11	Installation		74

4 Sicherheitsstandrohre ... 81

5 Emissionsvermeidung von gefährlichen Stoffen über Druckentlastungseinrichtungen ... 83

6 Berstsicherungen ... 85
6.1 Berstscheibenart ... 85
    6.1.1 Zugbelastete konkavgewölbte Berstscheiben ... 85
    6.1.2 Druckbelastete konvexgewölbte Berstscheiben ... 88
    6.1.3 Flache Berstscheiben ... 90
6.2 Berechnung des Abblasequerschnitts bei Flüssigkeiten ... 91
6.3 Berechnung des Abblasequerschnitts bei Gasen und Dämpfen ... 92
6.4 Kombination von Berstscheibe und Sicherheitsventil ... 92
    6.4.1 Berechnungsbeispiele ... 94

7 Explosionssicherungen ... 97
7.1 Druckentlastung bei Staubexplosionen ... 97
    7.1.1 Vorbeugender Explosionsschutz ... 97
    7.1.2 Explosionsdruckentlastung ... 97
    7.1.3 Berstscheibe als Druckentlastung ... 98
    7.1.4 Richtlinie für die Auslegung ... 98
    7.1.5 Bemessung der Druckentlastungsöffnung bei Explosionen ... 99
7.2 Flammendurchschlagsicherungen ... 99
7.3 Bandsicherung ... 101

8 Ableitsysteme ... 103
8.1 Geschlossene Auffangsysteme ... 103
8.2 Flüssigkeitsabscheidung ... 104
8.3 Wäscher ... 106
8.4 Verbrennung ... 106

9 Stoffdaten ... 109

Formelzeichen ... 119

Literaturverzeichnis ... 121

Stichwortverzeichnis ... 123

1 Einleitung

Sicherheitsarmaturen (Sicherheitsventile und Berstsicherungen) haben die Aufgabe, unzulässige Drucküberschreitungen in Rohrleitungssystemen, Druckbehältern und Kesseln zu verhindern, um Gefahren für Menschen, Anlagen und Umwelt auszuschalten. Sie sind höher eingestellt als der Betriebsdruck der abzusichernden Anlage (Bild 1.1).

Von den Sicherheitsventilen wird verlangt:

- bei Erreichen seines Ansprechdruckes muß das Sicherheitsventil öffnen,
- mit weiterem Druckanstieg muß das Sicherheitsventil den Massenstrom übernehmen und stabil abführen,
- nach Druckabsenkung im System muß das Sicherheitsventil wieder schließen.

Berstsicherungen werden für folgende Fälle eingesetzt:

- wenn der Druckanstieg so stark ist, daß das Sicherheitsventil nicht schnell genug ansprechen kann,
- wenn selbst eine minimale Undichtheit nicht zugelassen werden kann,
- wenn aufgrund der Betriebsbedingungen starke Ablagerungen oder Verklebungen entstehen, so daß ein Sicherheitsventil nicht mehr einwandfrei arbeiten kann,
- wenn infolge kalter Betriebsbedingungen die Funktion eines Sicherheitsventils gestört werden könnte.

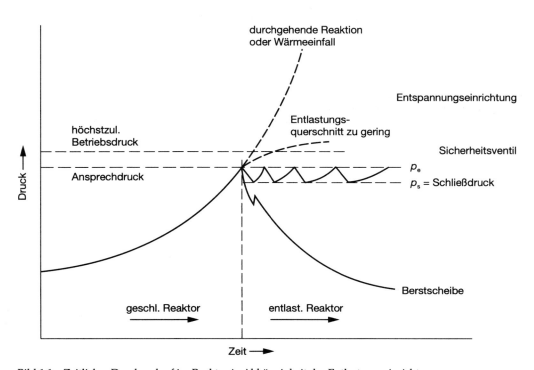

Bild 1.1   Zeitlicher Druckverlauf im Reaktor in Abhängigkeit der Entlastungseinrichtung

Grafische Symbole	
Form	Benennung, Bemerkung, Anwendungsbeispiel
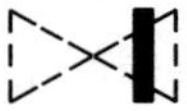 ▷◁▮	Absperrventil mit Sicherheitsfunktion
	Der breite Querstrich ist auf der Austrittseite anzuordnen, kombinierbar mit Symbolen für Absperrarmaturen. 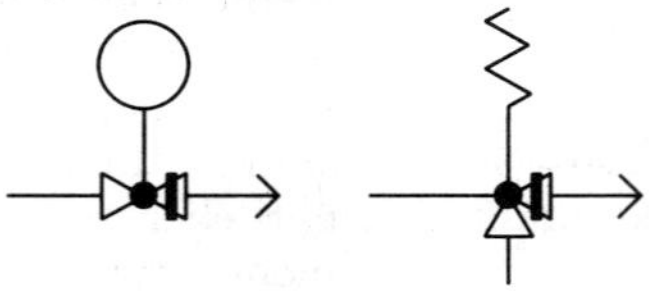
 ⟩	Berstscheibe gewölbt
	Die Fließrichtung ist anzugeben

Bild 1.2
Bildzeichen für Armaturen mit Sicherheitsfunktion n. DIN 2429, T2

Die genormten Bildzeichen für Sicherheitsarmaturen, Berstscheiben sowie für Flammensperren und Detonationssicherungen sind in den Bildern 1.2 und 1.3 dargestellt.

Grafische Symbole	
Form	Benennung, Bemerkung, Anwendungsbeispiel
	Dauerbrandsicherung Einsetzbar als Endsicherung. Die Flamme brennt auf der Seite des Halbkreises.
	Explosionssichere Flammensperre Einsetzbar als Endsicherung (Raumsicherung) oder Rohrsicherung. Die Explosion tritt auf der Seite des Rechteckes auf.
	Explosions-Endsicherung │ Explosions-Rohrsicherung
	Explosionssichere Flammensperre in dauerbrandsicherer Ausführung. Einsetzbar als Endsicherung (Raumsicherung) oder Rohrsicherung. Die Explosion tritt auf der Seite des Rechteckes bzw. des Bogens auf.
	Explosions-Endsicherung │ Explosions-Rohrsicherung
	Detonationssicherung Nur als Rohrsicherung einsetzbar. Die Detonation tritt auf der Seite des Dreieckes auf.
	Detonationssicherung in dauerbrandsicherer Ausführung. Nur als Rohrsicherung einsetzbar. Die Detonation tritt auf der Seite des Dreieckes bzw. Bogens auf.

Bild 1.3 Bildzeichen für Flammensperren und Detonationssicherungen n. DIN 2429, T2

2 Ermittlung des abzuleitenden Massenstroms

Der abzuleitende Massenstrom q_m muß so groß sein, daß der im Druckbehälter auftretende Druckanstieg den zulässigen Druck nicht um mehr als 10% überschreitet.

2.1 Berechnungsbeispiele

An typischen Beispielen wird die Berechnung dargestellt.

Beispiel 1:
max. Massenstrom in Behälter 2 (Bild 2.1)

max. Fall: ❏ CV1 voll offen
❏ V1 voll offen
❏ p_1 entspricht Abblasedruck Y1

Der Massenstrom q_m ist mit Überströmgleichung zu berechnen.

Beispiel 2:
Medienführung über einen Widerstand (Bild 2.2)

max. Fall: ❏ V1 geschlossen

Der Massenstrom q_m wird über $\Delta p_{1,2}$ ermittelt und über Y2 abgeführt.

Beispiel 3:
Strömungsmaschine (Bild 2.3)

max. Fall: ❏ q_m ist der max. Förderstrom der Strömungsmaschine,
❏ Y2 hat niedrigeren Druck p_2 als der Druck für Y1,
❏ Beim Schließen von V2 muß Y2 den max. Förderstrom dann ableiten.

Pumpen: $q_m = q_v \cdot \varrho_l$ (Bild 2.4)
Verdichter: $q_m = q_v \cdot \varrho_G$ (Bild 2.5)

Anmerkung:
Wenn Y für den 0-Förderdruck ($q_v = 0$) bemessen ist, dann braucht der Massenstrom der Strömungsmaschine nicht berücksichtigt zu werden.

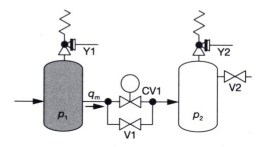

Bild 2.1 Maximaler Massenstrom q_m in Behälter 2

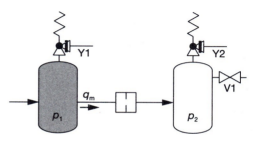

Bild 2.2 Medienführung über einen Widerstand

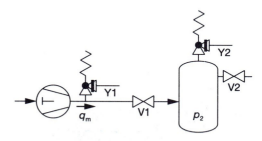

Bild 2.3 Strömungsmaschinen

Beispiel 4:
Rohrbruch (Bild 2.6)

max. Fall: ❏ Rohrbruch mit Einströmung

Massenstrom q_m wird mit 2-fachem Rohrquerschnitt ermittelt, da bei einem Bruch des Rohres die Ausströmung an beiden Seiten erfolgt.

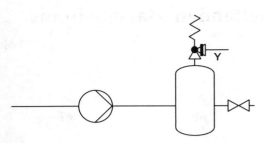

Bild 2.4 Pumpen

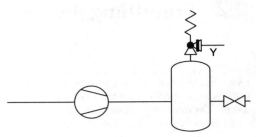

Bild 2.5 Verdichter

Beispiel 5:
Behälter mit Beheizung (Bild 2.7)

max. Fall: ❑ V1 geschlossen

$$q_m = \frac{k \cdot A \cdot \Delta\vartheta_{a,i}}{\Delta h_v} \quad \text{(Gl. 2.1)}$$

mit: k Wärmedurchgangskoeffizient (k-Wert ohne Fouling).

Beispiel 6:
Wärmeaustauscher (Bild 2.8)

max. Fall: ❑ Schließen von V1 und V2

bei Flüssigkeiten im Mantelraum:

$$q_F = \frac{\beta_1}{c_1} \cdot \dot{Q} \quad \text{(Gl. 2.2)}$$

bei Gasen im Mantelraum:

$$q_G = \frac{1}{c_p \cdot T} \cdot \dot{Q} \quad \text{(Gl. 2.3)}$$

$$\dot{Q} = k \cdot A \cdot \Delta\vartheta_m \quad \text{(Gl. 2.4)}$$

k-Wert ohne Fouling.

Beispiel 7:
Wärmeeinwirkung von außen (Bild 2.9)

Es gibt verschiedene Arten der Wärmezufuhr auf einen Druckbehälter, die zu einem un-

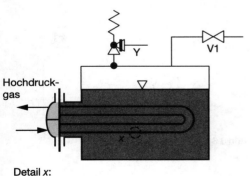

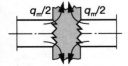

Bild 2.6 Rohrbruch

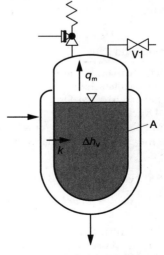

Bild 2.7 Behälter mit Beheizung

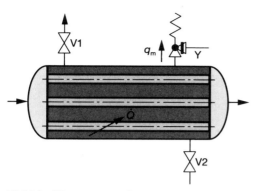

Bild 2.8 Wärmeaustauscher

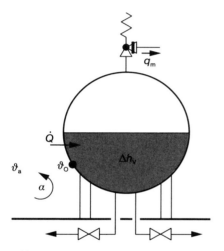

Bild 2.9 Wärmeeinwirkung von außen

zulässig hohen Druckanstieg führen kann. Eine Ursache für die Wärmezufuhr kann ein äußeres Feuer sein.

$$q_m = \frac{\dot{Q}}{\Delta h_v} \qquad (Gl.\ 2.5)$$

$$\dot{Q} = \alpha \cdot A \cdot \Delta \vartheta_{a,0} \qquad (Gl.\ 2.6)$$

Bei Strahlung:

$$\alpha_{Str} = \varepsilon_1 \cdot \varepsilon_2 \cdot \varphi_{1,2} \cdot C_S \cdot \frac{T_a^4 - T_0^4}{T_a - T_0} \qquad (Gl.\ 2.7)$$

mit: A benetzte Fläche (bei Brand, bis in eine Höhe von 8 m).

Die Wärmeentwicklung kann bei äußerem Feuer je nach Brandursache stark abweichen, deshalb ist es notwendig, diese in einem «Standardfeuer» zu vereinheitlichen. Die durch ein solches «Standardfeuer» entstehende Wärmemenge läßt sich mit den Formeln der API-Richtlinien 520 und 521 berechnen.

Brand: ❏ Standardfeuer nach API-520/521
$$\dot{Q} = 43{,}2 \cdot F \cdot A^{0{,}82} \quad [kW] \qquad (Gl.\ 2.8)$$
A in $[m^2]$

bei:
$F = 1{,}0$ für nicht isolierte Behälter
$F = 0{,}3$ mit 25 mm Dämmdicke
$F = 0{,}15$ mit 50 mm Dämmdicke
$F = 0{.}075$ mit 100 mm Dämmdicke

Bei ungenügender Drainage und fehlenden Feuerbekämpfungsmaßnahmen ist die Gleichung in $Q = 71 \cdot F \cdot A^{0{,}82}$ zu ändern.

Beispiel 8:
Chemische Reaktion

$$q_m = V_0 \cdot (1-\varphi) \cdot \varrho_G \cdot \frac{1}{p} \cdot \frac{dp}{dt} \qquad (Gl.\ 2.9)$$

V_0 Behältervolumen
φ Füllungsgrad

Beispiel 9:
Brand

Gasbehälter:

$$q_{mG} = \frac{50\,000 \cdot A_0^{0{,}82}}{1 + \frac{(c \cdot M)_{St}}{(c \cdot M)_G}} \cdot \frac{1}{c_p \cdot T} \quad [kg/h] \qquad (Gl.\ 2.10)$$

Flüssigkeitsbehälter:

$$q_{mF} = 150\,000 \cdot A_0^{0{,}82} \cdot \frac{\beta_F}{c_F} \quad [kg/h] \qquad (Gl.\ 2.11)$$

Siedende Flüssigkeit:

$$q_{mD} = \frac{150\,000 \cdot A_0^{0{,}82}}{\Delta h_v} \quad [kg/h] \qquad (Gl.\ 2.12)$$

A_0 mit: $H \leq 8$ m
$H \geq D/2$

A_0 in [m²]
Δh_v in [kJ/kg]
c_F in [kJ/(kg · K)]
β_F in [1/K]

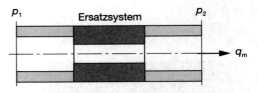

Bild 2.10   Ersatzsystem für Überströmung

2.2   Gleichungen für die Überströmung: (Bild 2.10)

$q_m = q_v \cdot \varrho$ mit: $q_v = A_{Bez} \cdot w_{Bez}$

Flüssigkeit: $w_F = \alpha_F \cdot \sqrt{\dfrac{2 \cdot \Delta p_{1,2}}{\varrho_F \cdot \Sigma\zeta}}$ (Gl. 2.13)

mit: $\Sigma\zeta = \lambda \cdot \dfrac{L}{d} + \zeta_i$

(auf Bezugsgrößen achten)

jeweils: λ und ζ für den ungünstigsten Fall
(glatte Rohre und niedrigste ζ-Werte)

Gas: $w_G = \alpha_G \cdot \sqrt{\dfrac{2 \cdot \Delta p_{1,2} \cdot \left(1 - \dfrac{\Delta p_{1,2}}{2 \cdot p_1}\right)}{\varrho_G \cdot \left(\Sigma\zeta - \ln\left(1 - \dfrac{\Delta p_{1,2}}{p_1}\right)^2\right)}}$

(Gl. 2.14)

wenn $w_G = c_{Schall}$

$\dfrac{p_1}{p_1 - \Delta p_{1,2}} = \sqrt{1 + \kappa \cdot \left(\Sigma\zeta + 2 \cdot \ln\dfrac{p_1}{p_1 - \Delta p_{1,2}}\right)}$

(Gl. 2.15)

2-Phasen-Strömung:

$w_{Zph} = \dfrac{\alpha}{\sqrt{\Sigma\zeta}} \cdot \sqrt{\dfrac{\Delta p_{1,2}}{\varrho_F \cdot 1 - n_G} - \dfrac{n_G \cdot p_1}{\varrho_G \cdot (1-n_G)^2} \cdot \ln \dfrac{1 - n_G + \dfrac{n_G}{q}}{(1-n_G) \cdot \left(1 - \dfrac{\Delta p_{1,2}}{p_1}\right) + \dfrac{n_G}{q}}}$ (Gl. 2.16)

mit: n_G Gasanteil

$q = \dfrac{\varrho_G}{\varrho_F}$ (Dichteverhältnis)

$\varrho_{Zph} = \dfrac{1}{\dfrac{n_G}{\varrho_G} + \dfrac{1-n_G}{\varrho_F}}$ (Gl. 2.17)

3 Sicherheitsventile

3.1 Bauarten

Es gibt folgende Bauarten von Sicherheitsventilen:

- *direkt wirkende Sicherheitsventile*
  Bei direkt wirkenden Sicherheitsventilen wirkt der Öffnungskraft unter dem Ventilkegel eine direkte mechanische Belastung (z. B. ein Gewicht, Gewicht mit Hebel, Feder) als Schließkraft entgegen;
- *gesteuerte Sicherheitsventile*
  Gesteuerte Sicherheitsventile bestehen aus Hauptventil und Steuereinrichtung. Hierunter fallen auch direktwirkende Sicherheitsventile mit Zusatzbelastung, bei denen bis zum Erreichen des Ansprechdruckes eine zusätzliche Kraft die Schließkraft verstärkt.

Die Schließkraft bzw. zusätzliche Kraft kann mechanisch (z. B. durch Feder), durch Fremdenergie (z. B. pneumatisch, hydraulisch oder elektromagnetisch) und/oder durch Eigenmedium aufgebracht werden. Sie wird bei Überschreiten des Ansprechdruckes selbsttätig aufgehoben oder so weit verringert, daß das Hauptventil durch den auf den Ventilteller wirkenden Mediumdruck oder durch eine andere in Öffnungsrichtung wirkende Kraft öffnet. Hierbei kann das Hauptventil nach dem Be- oder Entlastungsprinzip betätigt werden, und Steuereinrichtungen können nach dem Ruhe- oder Arbeitsprinzip wirken.

Das *Belastungsprinzip* ist dadurch gekennzeichnet, daß das Hauptventil beim Aufbringen der Belastung öffnet.

Das *Entlastungsprinzip* ist dadurch gekennzeichnet, daß das Hauptventil bei Aufheben der Belastung öffnet.

Das *Ruheprinzip* der Steuerung ist dadurch gekennzeichnet, daß die Steuereinrichtung bei Ausfall der Steuerenergie die Be- oder Entlastung bewirkt. Steuereinrichtungen mit Eigenmedium werden dem Ruheprinzip zugeordnet.

Das *Arbeitsprinzip* der Steuerung ist dadurch gekennzeichnet, daß die Steuereinrichtung bei Ausfall der Steuerenergie keine Be- oder Entlastung bewirkt.

- **Membran-Sicherheitsventil**
  Ein Membran-Sicherheitsventil ist ein direkt belastetes Sicherheitsventil, bei dem gleitende und drehende Teile sowie Federn vor Einflüssen des Mediums durch eine Membran geschützt sind.
- **Faltenbalg-Sicherheitsventil**
  Ein Faltenbalg-Sicherheitsventil ist ein direkt belastetes Sicherheitsventil, bei dem gleitende und drehende Teile (teilweise oder vollständig) sowie Federn vor Einflüssen des Mediums durch einen Faltenbalg geschützt sind. Der Faltenbalg kann so ausgebildet sein, daß die Einflüsse von Gegendrücken weitgehend kompensiert sind.
- **Folien-Sicherheitsventil**
  Ein Folien-Sicherheitsventil ist ein direkt belastetes Sicherheitsventil mit einer am Sitz eingespannten Folie, die bis zum Ansprechen für extreme Dichtheit sorgt.
- **gewichtsbelastetes Sicherheitsventil**

3.1.1 Aufbau und Funktion des Sicherheitsventils (Bild 3.1)

- Der Eintrittsstutzen wird durch den Kegel geschlossen und steht mit dem abzusichernden Druckbehälter in Verbindung, während das Gehäuse mit dem Ausblasestutzen mit der Gegendruckseite verbunden ist.
- Sitzquerschnitt A_0 (Durchmesser d_0) ist eine charakteristische Größe des Sicherheitsventils.
- Der Kegel wird durch die Feder über die Spindel belastet. Der obere Federteller ist über die Spannschraube gegenüber dem Gehäuse abgestützt. An der Spannschraube wird die Einstellung der Federvorspan-

18 Sicherheitsventile

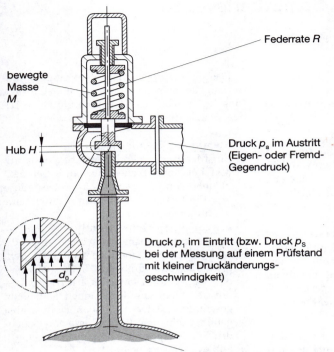

Bild 3.1
Grundaufbau und Funktion eines Sicherheitsventiles

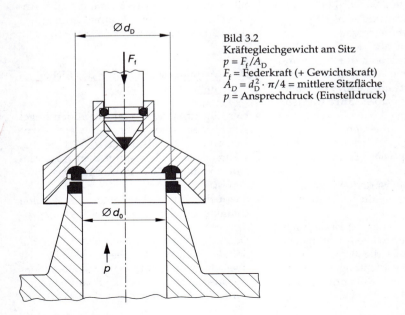

Bild 3.2
Kräftegleichgewicht am Sitz
$p = F_f/A_D$
F_f = Federkraft (+ Gewichtskraft)
$A_D = d_D^2 \cdot \pi/4$ = mittlere Sitzfläche
p = Ansprechdruck (Einstelldruck)

nung zur Einstellung des Ansprechdruckes vorgenommen.
Die Spindel muß leichtgängig gelagert sein, so daß die Führung mit genügendem Spiel und ohne Abdichtung ausgeführt wird, d.h., das Medium gelangt beim Abblasen durch die untere Führung in den Haubenraum.
Bei verklebendem oder verkokendem Medium ist allerdings dann eine Gefährdung der Ventilfunktion gegeben. Deshalb muß in diesen Fällen ein Faltenbalg vorgesehen

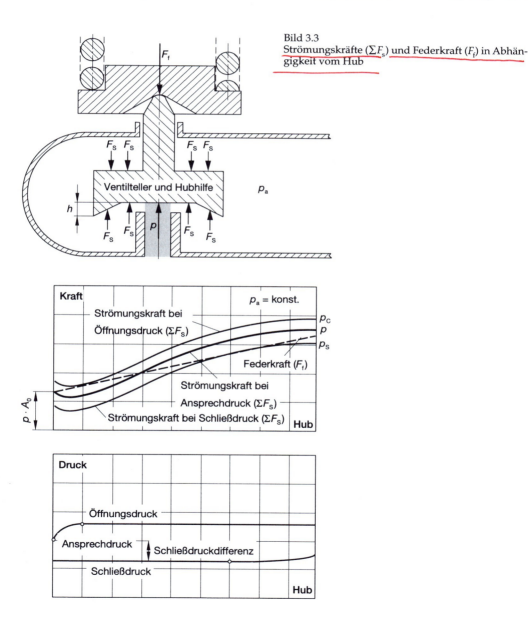

Bild 3.3
Strömungskräfte (ΣF_s) und Federkraft (F_f) in Abhängigkeit vom Hub

werden. Bei z. B. *organischem Wärmeträgeröl* als Medium sollte man einen *Faltenbalg* vorsehen, weil das heiße Wärmeträgeröl beim Abblasen mit Sauerstoff in Berührung kommt und durch Oxidation Polymerisationsprodukte entstehen.

- Eine Abdichtung nach außen ist durch eine *geschlossene* Haube mit Abdichtung am Haubenflansch und an der Anlüftkappe inkl. Abdichtung an der Anlüftwelle zum Anlüfthebel möglich. Als Dichtung wird üblicherweise Reingraphit verwendet.

Hinweis: Der Anlüfthebel ist im Regelwerk als Prüfmöglichkeit vorgeschrieben. Es ist dringend abzuraten, durch den Anlüfthebel das Sicherheitsventil als «Entlüftungsventil» zu benutzen! Man riskiert die Verschmutzung des eingeläppten Sitzes mit der Folge von Undichtheit!

- Die *Funktion des Federsicherheitsventils* wird durch das Zusammenspiel von Strömungskraft und Federkraft (Bild 3.2) bestimmt:

Der *Ansprechdruck p* wird über die Vorspannung der Feder festgelegt, so daß die Federkraft $F_f = p * A_D$ ist.

A_D ist die druckbeaufschlagte Fläche am Kegel, die von einer Dichtlinie innerhalb der Sitzbreite begrenzt ist. A_D ist somit größer als der Sitzquerschnitt A_0 (Bild 3.2).

Das Ventil öffnet bei einer Steigerung des Druckes über den Ansprechdruck sowie die Strömungskraft die Federkraft überschreitet. Dabei nimmt die Federkraft linear mit dem Hub zu. Durch geeignete Hubhilfen, die eine Hubglocke oder ein Umlenkkragen am Kegel sein kann, wird der gewünschte *Öffnungsdruck* erzielt, bei dem der maximale Hub erreicht wird.

Bei richtiger Auflegung des Sicherheitsventils wird bei voller Öffnung ein so großer Massenstrom abgeblasen, daß der Druck im abzusichernden System wieder sinkt. Der Druck, bei dem das Sicherheitsventil wieder schließt, ist der *Schließdruck* (Bild 3.3).

3.1.2 Ausführungsarten und Funktionsunterschiede

Unterscheidung zwischen Öffnungscharakteristik und Bauart nach AD-Merkblatt A2:

- **Normal-Sicherheitsventile**
Die Normal-Sicherheitsventile (Bild 3.4a) erreichen nach dem Ansprechen innerhalb eines Druckanstiegs von max. 10% den für den abzuführenden Massenstrom erforderlichen Hub. An die Öffnungscharakteristik werden keine weiteren Anforderungen gestellt.

- **Vollhub-Sicherheitsventile**
Vollhub-Sicherheitsventile (Bild 3.4b) öffnen nach dem Ansprechen innerhalb von 5% Drucksteigerung schlagartig bis zum konstruktiv begrenzten Hub. Der Anteil des Hubes bis zum schlagartigen Öffnen (Proportionalbereich) darf nicht mehr als 20% des Gesamthubes betragen.

- **Proportional-Sicherheitsventile**
Proportional-Sicherheitsventile (Bild 3.4c) öffnen in Abhängigkeit vom Druckanstieg nahezu stetig. Hierbei tritt ein plötzliches Öffnen ohne Drucksteigerung über einen Bereich von mehr als 10% des Hubes nicht auf. Diese Sicherheitsventile erreichen nach dem Ansprechen innerhalb eines Druckanstiegs von max. 10% den für den abzuführenden Massenstrom erforderlichen Hub.

Der Vorteil eines Vollhub-Sicherheitsventils, nämlich nach dem Ansprechen innerhalb einer geringen Drucksteigerung seinen vollen Hub zu erreichen, ist überall da angezeigt, wo innerhalb kürzester Zeit große Massenströme vom Sicherheitsventil abgeführt werden müssen (Bild 3.5).

Das Vollhub-Sicherheitsventil weist eine hohe Ausflußziffer auf. Nach Regelwerk AD-A2 soll diese den Mindestwert $\alpha_w = 0,5$ nicht unterschreiten. Üblicherweise beträgt die Ausflußziffer α, dem Verhältnis von gemessenem zu theoretischem Massenstrom, $> 0,7$. Diese Ausflußziffer wird dann um 10% verringert und ergibt dann die zuerkannte Ausflußziffer α_w.

Nicht nur das Vollhub- als auch das Normal-Sicherheitsventil weisen in der Regel

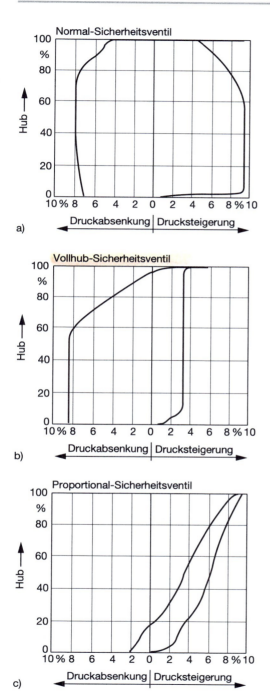

a)
b)
c)
Bild 3.4   Ausführungsarten

hohe Ausflußziffern aus. Der Unterschied besteht lediglich in der längeren Proportionalphase. Der lineare Hubanteil unterscheidet sich in der Regel nicht. D.h. ein Massenstrom ist diesem geringen Hub nicht zuzurechnen. Dieser Zustand entspricht vielmehr einer größeren Leckage.

Wenn Sicherheitsventile ansprechen müssen, sieht die tatsächliche Praxis vielmehr so aus, daß in der Mehrzahl der Fälle nur eine Teilmenge abzublasen ist. Vollhub-Sicherheitsventile, aber auch Normal-Sicherheitsventile, öffnen, wenn sie die Proportional-Öffnungsphase durchlaufen haben, schlagartig und blasen dann auch den zum erreichten Hub gehörigen Massenstrom ab. Je nach Speichervolumen und Anlagenkonfiguration kann sich dann ein Öffnungs-/Schließvorgang einstellen, der sich in Abhängigkeit von Ventiltyp/Hersteller, zwischen stabil abblasend über pumpend bis flatternd oder schlagend bezeichnen läßt. Die letzten beiden beschriebenen Zustände sind absolut unerwünscht und können einen Gefahrenzustand für das Ventil, aber auch für die Anlage darstellen. Was ist zu tun, um eine einwandfreie Funktion des Ventils zu erreichen?

Auf der einen Seite muß das Sicherheitsventil für den «worst case» ausgelegt werden, auf der anderen Seite kommt dieser Fall (wie bereits geschildert) nur sehr selten vor.

Folgende Möglichkeiten gibt es:

❑ **Einsatz von 1 Proportional-Sicherheitsventil**

Grundsätzlich ist ein Proportional-Sicherheitsventil geeignet, stabil abzublasen, wenn nicht zusätzlich von außen aufgezwungene Schwingungen, z.B. über Rückschlagklappen, das Ventil zum Schwingen anregen.

Nachteil: Proportional-Sicherheitsventile weisen i.d.R. bezogen auf die Nennweite, eine geringe Leistung auf, d.h. es müssen große Nennweiten oder mehrere Ventile, parallel angeordnet, vorgesehen werden.

❑ **Aufbau von 2 Sicherheitsventilen**

das eine als «Stand-by-Ventil» für den «worst case» und das andere als Arbeitsven-

22 Sicherheitsventile

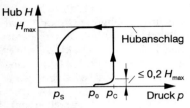

Vollhubventil

$p_C \leq p_0 + 5\%$
$p_S \geq p_0 - 10\%$

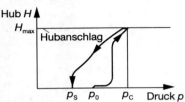

Normalventil

$p_C \leq p_0 + 10\%$
$p_S \geq p_0 - 10\%$

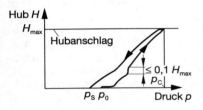

Proportionalventil

$p_C \leq p_0 + 10\%$
$p_S \geq p_0 - 10\%$

Bild 3.5   Druckverhältnisse bei den verschiedenen Ausführungsarten
– Schließdruckdifferenz:
– 10% für Gase/Dämpfe, bzw. 0,3 bar bei $p \leq 3$ bar
– 20% für Flüssigkeiten, bzw. 0,6 bar bei $p \leq 3$ bar

til, letzteres auf einem geringeren Ansprechdruck eingestellt, so, daß das Hauptventil gar nicht erst anspricht. Die Aufteilung der engsten Strömungsquerschnitte könnte z.B. wie 4:1 vorgesehen werden.
Nachteil: Es besteht ein erhöhter Installations- und Investitionsaufwand.
❏ **Modifizieren eines Vollhub-Sicherheitsventils**
so, daß es unter normalen Arbeitsbedingungen stabil abbläst und dennoch bei Anforderung den vollen notwendigen Massenstrom abblasen kann.

In Bild 3.6 sind Auswahlkriterien für Sicherheitsventile dargestellt.

3.2   Durchfluß am Ventilsitz

Bei der Berechnung vom Durchfluß am Sicherheitsventil ist gemäß Bild 3.7 zu beachten, daß in der Zuleitung und Abblaseleitung noch Druckverluste entstehen.

3.2.1   Flüssigkeiten

Aus der Energiegleichung erhält man für Flüssigkeiten (inkompressible Medien; ϱ = konst.):

$$p_1 + \frac{\varrho}{2} \cdot w_1^2 = p_2 + \frac{\varrho}{2} \cdot w_2^2 \qquad (Gl.\ 3.1)$$

mit: $\quad w_1 \ll w_2$

sowie: $\quad \Delta p = p_1 - p_2$

wird: $\quad w_2 = \sqrt{\dfrac{2 \cdot \Delta p}{\varrho}} \qquad (Gl.\ 3.2)$

Der Volumenstrom wird damit:

$$q_{v\,th} = A \cdot w = A \cdot \sqrt{\frac{2 \cdot \Delta p}{\varrho}} \qquad (Gl.\ 3.3)$$

Die wirkliche Durchflußmenge stimmt mit der theoretischen infolge Strahleinschnürung und sonstiger Abweichungen (Verluste) nicht überein. Man berücksichtigt diese Abweichungen durch Einführung der Ausflußziffer α und erhält für den wirklichen ausströmenden Volumenstrom:

Durchfluß am Ventilsitz 23

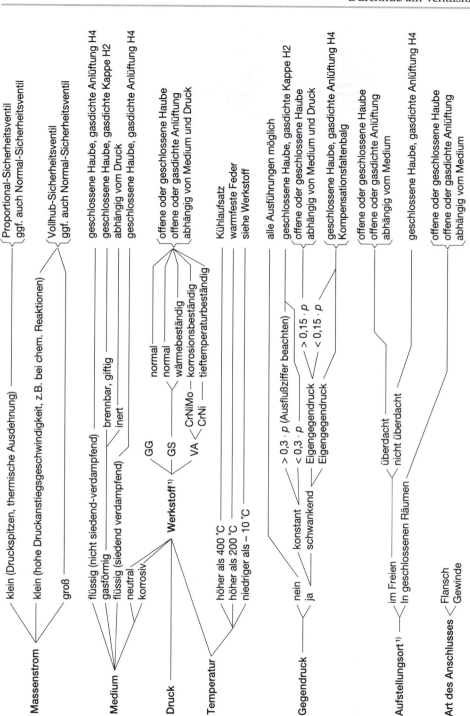

Bild 3.6 Auswahlkriterien für ein Sicherheitsventil (Fa. Leser)

[1] Herrscht am Aufstellungsort korrosive Atmosphäre, ist diese bei der Werkstoffauswahl zu berücksichtigen, auch wenn aufgrund des Mediums kein korrosionsfester Werkstoff notwendig wäre.

24 Sicherheitsventile

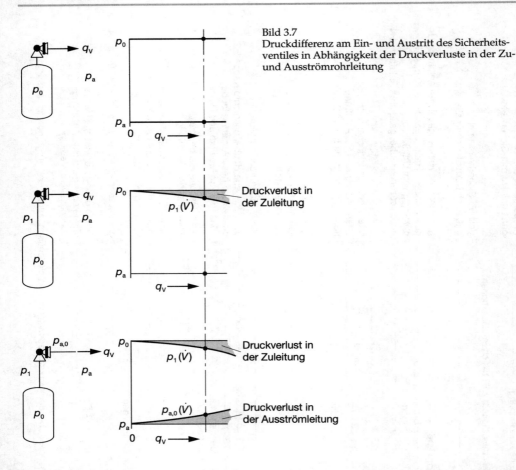

Bild 3.7
Druckdifferenz am Ein- und Austritt des Sicherheitsventiles in Abhängigkeit der Druckverluste in der Zu- und Ausströmrohrleitung

$$q_v = \alpha \cdot A \cdot \sqrt{\frac{2 \cdot \Delta p}{\varrho}} \qquad \text{(Gl. 3.4)}$$

Damit ist die Ausflußziffer definiert:

$$\alpha = \frac{q_{v,\,gemessen}}{q_{v,\,ideal}} \qquad \text{(Gl. 3.5)}$$

oder als Massenstrom:

$$q_m = q_v \cdot \varrho$$

$$q_m = \alpha \cdot A \cdot \sqrt{2 \cdot \varrho \cdot \Delta p} \qquad \text{(Gl. 3.6)}$$

und hieraus der engste Strömungsquerschnitt:

$$A = \frac{q_m}{\alpha \cdot \sqrt{2 \cdot \varrho \cdot \Delta p}} \qquad \text{(Gl. 3.7)}$$

Mit den üblichen Einheiten und Festlegungen:

A A_0 engster Strömungsquerschnitt [mm²]
q_m abzuführender Massenstrom [kg/h]
Δp $p_0 - p_{a,0}$ Druckdifferenz [bar]
ϱ Dichte [kg/m³]
α α_W, zuerkannte Ausflußziffer [–]

erhält man:

$$A_0 = \frac{q_m \cdot 10^6}{3600 \cdot \alpha_W \cdot \sqrt{2} \cdot \sqrt{10^5} \cdot \sqrt{\varrho \cdot \Delta p}}$$

$$A_0 = 0{,}6211 \cdot \frac{q_m}{\alpha_W \cdot \sqrt{\varrho \cdot \Delta p}} \quad [\text{mm}^2] \quad \text{(Gl. 3.8)}$$

und schließlich den Zulaufdurchmesser:

$$d_0 = \sqrt{\frac{4 \cdot A_0}{\pi}} \quad [\text{mm}] \quad \text{(Gl. 3.9)}$$

3.2.2 Besondere Flüssigkeiten

3.2.2.1 Siedende Flüssigkeiten

Bei der Größenbestimmung von Sicherheitsventilen für siedende Flüssigkeiten (z. B. Heißwasser, Flüssiggas) muß ein Verdampfungsanteil berücksichtigt werden. Dabei wird von der Flüssigphase des Mediums vor dem Strömungsquerschnitt A_0 ausgegangen. Bei Ventilöffnung dampft dann, bedingt durch den im Ventil auftretenden Druckabfall, eine Teilmenge aus. Der Strömungsquerschnitt A_0 ist somit für das 2-Phasen-Gemisch Flüssigkeit und Dampf/Gas zu bemessen. Die Grundlage der Berechnung ist das VdTÜV-Merkblatt – Sicherheitsventile 100/2 – «Bemessungsvorschlag für Sicherheitsventile für Gase in flüssigem Zustand».

Zur Ermittlung der Einzelströmungsquerschnitte ist die Kenntnis der Teilmassenströme erforderlich:

$$q_{m,\text{ges}} = q_{m,F} + q_{m,D} \quad \text{(Gl. 3.10)}$$

mit Index: F   Flüssigkeit
               D   Dampf

Den Dampfstrom erhält man mit dem Verdampfungsanteil n:

$$q_{m,D} = n \cdot q_{m,\text{ges}} \quad \text{(Gl. 3.11)}$$

n Verdampfungsanteil

$$n = \frac{h'_0 - h'_{a,0}}{\Delta h_{V(a,0)}} \quad \text{(Gl. 3.12)}$$

h'_0 Enthalpie der siedenden Flüssigkeit vor dem Ventil bei p_0

$h'_{a,0}$ Enthalpie der siedenden Flüssigkeit bezogen auf $p_{a,0}$ (meist bei Atmosphärendruck)

Mit diesen Massenstromanteilen werden die Teilquerschnitte A_{0F} und A_{0D} mit den Formeln nach AD-Merkblatt A2, DIN 3320 bzw. TRD 421 ermittelt, siehe a. Gl. 3.8 und Gl. 3.41.

Die Rechnung berücksichtigt jeweils die zuerkannten Ausflußziffern für Dämpfe/Gase und Flüssigkeiten. Die berechneten Teilquerschnitte werden zum Gesamtquerschnitt addiert und mit dem Faktor 1,2 multipliziert. Der Faktor 1,2, im VdTÜV-Merkblatt 100-2 empfohlen, berücksichtigt mögliche Abweichungen zwischen den theoretischen Verhältnissen entsprechend dem Rechnungsansatz und der tatsächlich sich einstellenden Strömung und soll Unterdimensionierueungen vermeiden.

Gesamtströmungsquerschnitt:

$$A_0 = (A_{0,F} + A_{0,D}) \cdot f_A \quad \text{(Gl. 3.13)}$$

$f_A \approx 1{,}2$

Im VdTÜV-Merkblatt Sicherheitsventil 100/2 wird für Zweiphasenströmung der Einsatz von Sicherheitsventilen mit einer Zulassung für Dämpfe/Gase **und** Flüssigkeiten (D/G/F) empfohlen.

3.2.2.2 Zähe Flüssigkeiten

Ein Sicherheitsventil zum Abblasen von Flüssigkeiten wird zunächst einmal so berechnet, als wenn es sich um eine «normale» Flüssigkeit von der Viskosität z.B. für Wasser handelt.

Die Bestimmung eines Korrekturfaktors K_v, der die vom Wasser abweichende Zähigkeit berücksichtigt, ist nicht erforderlich für Medien, deren Viskosität $< 10 \cdot 10^{-6}$ m^2/s ist. In diesen Fällen ist $K_v = 1{,}0$. Der Korrekturfaktor K_v kann entweder aus Bild 3.10 entnommen oder berechnet werden.

Nach Bestimmung der Reynoldszahl (s. Formel) unter Einbezug des vorher errechneten A_0 bzw. A und der vorliegenden Viskosität kann entsprechend der Formel der Faktor K_v zur Berücksichtigung der Viskosität bestimmt werden.

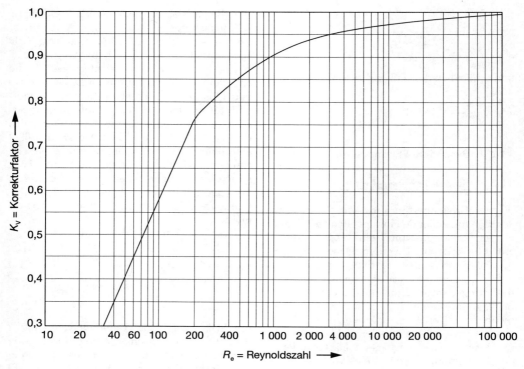

Bild 3.8 Korrekturfaktor für zähe Flüssigkeiten

Das bereits errechnete A_0 bzw. A wird durch den Korrekturfaktor K_v dividiert und ergibt den neuen gegenüber der ersten Rechnung vergrößerten engsten Strömungsquerschnitt A_0 bzw. A.

Berechnung der Reynoldszahl für Rohrreibung:

$$Re = 0{,}3134 \cdot 10^{-3} \cdot \frac{q_v}{v \cdot \sqrt{A_0}} \; (-)$$

v kinematische Viskosität in (m²/s)
A_0 in (m²)
q_v in (m³/h)

Berechnung des Korrekturfaktors K_v:

$34 \leq Re \leq 200$

$$K_v = -0{,}6413 + 0{,}2669 \cdot \ln(Re)$$

$200 < Re \leq 60\,000$

$$K_v = -0{,}5735 + 0{,}4343 \cdot \ln(Re) - 0{,}04093 \cdot \ln^2(Re) + 0{,}001308 \cdot \ln^3(Re)$$

$Re > 60\,000$

$$K_v = 1$$

3.2.3 Gase

Energiegleichung für Gase

Druckenergie: $\quad E_p = p \cdot V \quad = \dfrac{M}{\varrho} \cdot p$

Kinetische Energie: $\quad E_{kin} = M \cdot \dfrac{w^2}{2}$

Innere Energie: $\quad E_\vartheta = M \cdot u \quad = M \cdot c_v \cdot T$

Bezieht man die Energie auf die Masse $M = 1$ kg, ergibt sich:

$$\frac{p_1}{\varrho_1} + \frac{w_1^2}{2} + c_{v,1} \cdot T_1 = \frac{p_2}{\varrho_2} + \frac{w_2^2}{2} + c_{v,2} \cdot T_2 \quad \text{(Gl. 3.14)}$$

Aus dem allgemeinen Gasgesetz:

$$\frac{p}{\varrho} = R_1 \cdot T \quad \text{(Gl. 3.15)}$$

mit: $R_1 = c_p - c_v$ (Gl. 3.16)

wird: $\dfrac{p}{\varrho} = (c_p - c_v) \cdot T$ (Gl. 3.17)

setzt man diesen Ausdruck in die Energiegleichung ein, folgt:

mit: $c_p \cdot T = h$ (spezifische Enthalpie)
(Gl. 3.18)

$$h_1 + \frac{w_1^2}{2} = h_2 + \frac{w_2^2}{2} \quad \text{(Gl. 3.19)}$$

und daraus die gesuchte Geschwindigkeit:

$$w_2 = \sqrt{2 \cdot (h_1 - h_2) + w_1^2}$$

mit: $\Delta h_{1,2} = h_1 - h_2$
und: $w_1 \ll w_2$

wird: $w = w_2 = \sqrt{2 \cdot \Delta h_{1,2}}$ (Gl. 3.20)

Bei idealen Gasen kann die isentrope Enthalpiedifferenz $\Delta h_{1,2}$ mit der Temperaturdifferenz $\Delta T_{1,2}$ berechnet werden.

$\Delta h_{1,2} = c_p \cdot \Delta T_{1,2}$ (Gl. 3.21)

Für isentrope Expansion gilt nach den Gasgesetzen:

$$T_2 = T_1 \cdot \left(\frac{p_2}{p_1}\right)^{\frac{k-1}{k}} \quad \text{(Gl. 3.22)}$$

mit: $k = \dfrac{c_p}{c_v}$ (Gl. 3.23)

Damit wird:

$$\Delta h_{1,2} = c_p \cdot T_1 \cdot \left(1 - \left(\frac{p_2}{p_1}\right)^{\frac{k-1}{k}}\right) \quad \text{(Gl. 3.24)}$$

Eingesetzt in die Geschwindigkeitsgleichung (Gl. 3.16):

$$w = \sqrt{2 \cdot c_p \cdot T_1 \cdot \left(1 - \left(\frac{p_2}{p_1}\right)^{\frac{k-1}{k}}\right)} \quad \text{(Gl. 3.25)}$$

mit den Gasgesetzen umgeformt:

$$c_p = R_i \cdot \frac{k}{k-1} \quad \text{und} \quad R_i = \frac{p_i}{T_i \cdot \varrho_i}$$

erhält man auch:

$$w = \sqrt{2 \cdot \frac{k}{k-1} \cdot \frac{p_2}{\varrho_1} \cdot \left(1 - \left(\frac{p_2}{p_1}\right)^{\frac{k-1}{k}}\right)} \quad \text{(Gl. 3.26)}$$

Der Massenstrom wird damit zu:

$q_{m,\text{th}} = \varrho_2 \cdot w \cdot A$ (Gl. 3.27)

mit: $\varrho_2 = \varrho_1 \cdot \left(\dfrac{p_2}{p_1}\right)^{\frac{1}{k}}$ (Gl. 3.28)

eingesetzt und umgeformt:

$$q_{m,\text{th}} = A \cdot \sqrt{2 \cdot \varrho_1 \cdot p_1} \cdot$$
$$\sqrt{\frac{k}{k-1} \cdot \left(\left(\frac{p_2}{\varrho_i}\right)^{\frac{2}{k}} - \left(\frac{p_2}{p_1}\right)^{\frac{k-1}{k}}\right)} \quad \text{(Gl. 3.29)}$$

Den 2. Wurzelausdruck bezeichnet man als Ausflußfunktion ψ (siehe Bild 3.9).
 Der wirkliche Massenstrom wird durch Strahleinschnürung und Reibung reduziert und man erhält:

$$q_m = \alpha \cdot A \cdot \psi \cdot \sqrt{2 \cdot \varrho_1 \cdot p_1} \quad \text{(Gl. 3.30)}$$

mit: α Ausflußziffer

Bis zu einem Druckverhältnis

$$\frac{p_2}{p_1} \geq 0{,}5\ldots0{,}6$$

steigt der Wert der Ausflußfunktion ψ auf den Wert von $\psi = 0{,}45\ldots0{,}50$ an. Bei weiterer Druckabsenkung bleibt ψ = konst.

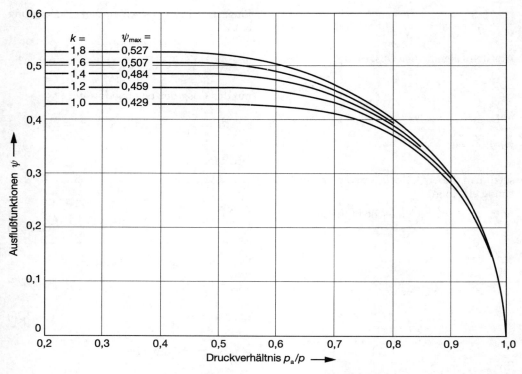

Bild 3.9 Ausflußfunktion

$\left(\dfrac{p_2}{p_1}\right) \approx 0{,}5$ bezeichnet man als kritisches Druckverhältnis und berechnet es mit:

$$\left(\dfrac{p_2}{p_1}\right)_{\text{krit}} = \left(\dfrac{2}{k+1}\right)^{\frac{k}{k-1}} \qquad \text{(Gl. 3.31)}$$

Setzt man dieses Druckverhältnis in die Geschwindigkeitsgleichung ein, so erhält man mit den Gasgesetzen und durch Umformen die max. Geschwindigkeit, die mit der Schallgeschwindigkeit a identisch ist.

Man bezeichnet diese Geschwindigkeit auch als Lavalgeschwindigkeit:

$$w_{\max} = w_{\text{krit}} = a = \sqrt{k \cdot R_i \cdot T_2} \qquad \text{(Gl. 3.32)}$$

Soll die Geschwindigkeit des Gases noch höher gesteigert werden, muß sich der Querschnitt der Düse von der engsten Stelle an wieder erweitern (Lavaldüse).

Ausflußfunktion: unterkritische Druckverhältnisse:

$$\psi = \sqrt{\dfrac{k}{k-1}} \cdot \sqrt{\left(\dfrac{p_{a,0}}{p_0}\right)^{\frac{2}{k}} - \left(\dfrac{p_{a,0}}{p_0}\right)^{\frac{k+1}{k}}} \qquad \text{(Gl. 3.33)}$$

bei: $\dfrac{p_{a,0}}{p_0} > \left(\dfrac{2}{k+1}\right)^{\frac{k}{k-1}}$

Ausflußfunktion: überkritische Druckverhältnisse:

$$\psi = \psi_{\max} = \sqrt{\dfrac{k}{k+1}} \cdot \left(\dfrac{2}{k+1}\right)^{\frac{k}{k-1}} \qquad \text{(Gl. 3.34)}$$

bei: $\dfrac{p_{a,0}}{p_0} \leq \left(\dfrac{2}{k+1}\right)^{\frac{k}{k-1}}$

Engster Strömungsquerschnitt:

$$A = \dfrac{q_m}{\psi \cdot \alpha \cdot \sqrt{2 \cdot \varrho_0 \cdot p_0}}$$

Mit den üblichen Einheiten und Festlegungen, wie bei Gl. 3.8, ergibt sich:

$$A_0 = \dfrac{q_m \cdot 10^6}{3600 \cdot \psi \cdot \alpha_W \cdot \sqrt{2} \cdot \sqrt{10^5} \cdot \sqrt{\varrho_0 \cdot p_0}}$$

$$A_0 = 0{,}6211 \cdot \dfrac{q_m}{\psi \cdot \alpha_W \cdot \sqrt{\varrho_0 \cdot p_0}} \ [\text{mm}^2] \qquad \text{(Gl. 3.35)}$$

Eine weitere Umformung ergibt sich mit den Gasgesetzen:

$$\varrho_0 = \dfrac{p_0}{R_0 \cdot T_0 \cdot Z_0} \qquad \text{(Gl. 3.36)}$$

Zur Bestimmung des Strömungsquerschnittes:

$$A_0 = \dfrac{q_m}{\psi \cdot \alpha_W \cdot p_0} \cdot \sqrt{\dfrac{R_0 \cdot T_0 \cdot Z_0}{2}} \qquad \text{(Gl. 3.37)}$$

Mit den in der Praxis üblichen Einheiten:

q_m in [kg/h] und
p_0 in [bar, absolut]

erhält man:

$$A_0 = \dfrac{q_m \cdot 10^6 \cdot \sqrt{R_0 \cdot T_0 \cdot Z_0}}{3600 \cdot \psi \cdot \alpha_W \cdot p_0 \cdot \sqrt{2} \cdot \sqrt{10^5}} \ [\text{mm}^2]$$

Durch Einsetzen der Gaskonstanten gemäß:

mit: $R_0 = \dfrac{R_{\text{univ.}}}{\tilde{M}}$ und: $R_{\text{univ.}} = 8314{,}3 \ \dfrac{\text{J}}{\text{kmol} \cdot \text{K}}$

und schließlich:

$$A_0 = 0{,}1791 \cdot \dfrac{q_m}{\psi \cdot \alpha_W \cdot p_0} \cdot \sqrt{\dfrac{T_0 \cdot Z_0}{\tilde{M}}} \ [\text{mm}^2] \qquad \text{(Gl. 3.38)}$$

$\tilde{M}$ = molare Masse in $\dfrac{\text{kg}}{\text{kmol}}$

und daraus der Zulaufdurchmesser:

$$d_0 = \sqrt{\dfrac{4 \cdot A_0}{\pi}} \ [\text{mm}] \qquad \text{(Gl. 3.39)}$$

Eine weitere Darstellungsmöglichkeit erhält man dadurch, daß die *stoffabhängigen Größen* auch zusammengefaßt werden können:

$$A_0 = \dfrac{q_m}{\psi \cdot \alpha_W \cdot \sqrt{2 \cdot \dfrac{p_0}{v_0}}} = \dfrac{q_m \cdot \sqrt{p_0 \cdot v_0}}{\psi \cdot \alpha_W \cdot p_0 \cdot \sqrt{2}}$$

$$\text{(Gl. 3.40)}$$

$$A_0 = x \cdot \frac{q_m}{\alpha_W \cdot p_0} \quad [\text{mm}^2] \qquad \text{(Gl. 3.41)}$$

q_m in [kg/h]
p_0 in [bar, absolut]

mit dem Druckmittelbeiwert x:

$$x = 0{,}6211 \cdot \frac{\sqrt{p_0 \cdot v_0}}{\psi} \left(\frac{\text{mm}^2 \cdot \text{bar}}{\text{kg/h}}\right) \qquad \text{(Gl. 3.42)}$$

Der Druckmittelbeiwert x für Wasserdampf ist in Bild 3.10 dargestellt.

Für die Medien Wasser, Wasserdampf und Luft sind in Tabelle 3.1 die Massenströme, in Abhängigkeit von der Nennweite DN (bzw. von d_0) und dem Ansprechüberdruck, dargestellt.

3.2.4 Ausflußziffer

3.2.4.1 Definition von α- und α_W-Wert

Die Ausflußziffer α für einen Sicherheitsventiltyp wird durch Versuche ermittelt. Diese beziehen sich auf Medien (Gase/Dämpfe/Flüssigkeiten) sowie den Druck- und Nenn-

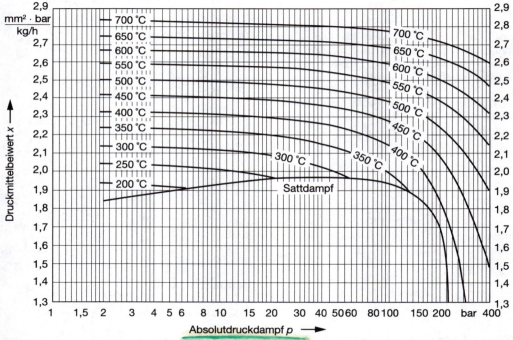

Dampfdruck p (absolut) bar	1,1	1,2	1,3	1,4	1,5	1,6	1,7	1,8	1,9	2,0
Druckmttelbeiwert $x \left(\frac{\text{mm}^2 \cdot \text{bar}}{\text{kg/h}}\right)$	2,4731	2,2477	2,0203	1,9125	1,8591	1,8345	1,8279	1,8302	1,8333	1,8361

Bild 3.10 **Druckmittelbeiwert x** für Wasserdampf nach AD-Merkblatt A2 (Die hier aufgezeigte Sattdampflinie dient zur Ermittlung des x-Wertes und nicht zur Bestimmung der Sattdampftemperatur)

Durchfluß am Ventilsitz 31

Tabelle 3.1 Leistungstabelle. Berechnung entsprechend DIN 3320, AD-Merkblatt A2, TRD 421

DN		20			25			32			40			50			65		
d_0 (mm)		18			23			29			37			46			60		
p bar	I	II	III	I	II	III	I	II	III	I	II	III	I	II	III	I	II	III
0,2	72	87	2,6	119	142	4,3	189	225	6,8	309	368	11,0	475	570	17,0	811	969	29,0
0,5	116	143	4,2	189	232	6,8	300	369	10,8	490	602	17,6	757	930	27,2	1290	1583	46,3
1	173	220	5,9	282	358	9,6	449	570	15,3	731	928	24,9	1130	1430	38,4	1920	2440	65,4
2	281	361	8,3	458	589	13,6	729	937	21,6	1190	1530	35,2	1830	2360	54,4	3120	4010	92,5
3	371	481	10,2	606	786	16,6	964	1250	26,5	1570	2030	43,1	2430	3140	66,6	4130	5350	113,3
4	468	610	11,8	763	996	19,2	1210	1580	30,6	1980	2580	49,8	3060	3990	76,9	5200	6780	130,8
5	558	733	13,2	911	1200	21,5	1450	1900	34,2	2360	3100	55,6	3650	4780	86,0	6200	8140	146,3
6	649	855	14,4	1060	1400	23,5	1680	2220	37,4	2740	3610	60,9	4240	5580	94,2	7200	9500	160,2
7	738	977	15,8	1210	1590	25,4	1920	2540	40,4	3120	4130	65,8	4820	6380	101,7	8200	10900	173,1
8	828	1100	16,7	1350	1790	27,2	2150	2850	43,2	3500	4640	70,4	5410	7180	108,7	9200	12200	185,0
9	918	1220	17,7	1500	1990	28,8	2380	3170	45,8	3880	5160	74,6	5990	7970	115,3	10200	13600	196,2
10	1010	1340	18,6	1640	2190	30,4	2610	3490	48,3	4250	5680	78,7	6580	8770	121,6	11200	15000	206,9
12	1190	1590	20,4	1940	2590	33,3	3080	4120	52,9	5010	6710	86,2	7740	10400	133,2	13200	17600	226,6
14	1360	1830	22,0	2220	2990	36,0	3540	4750	57,2	5750	7740	93,1	8890	12000	143,9	15100	20300	244,8
16	1540	2080	23,6	2510	3390	38,4	3990	5390	61,1	6500	8770	99,5	10000	13600	153,8	17100	23100	261,7
18	1720	2320	25,0	2800	3790	40,8	4450	6020	64,8	7250	9800	105,5	11200	15200	163,1	19100	25800	272,5
20	1890	2560	26,3	3090	4190	43,0	4910	6660	68,3	8000	10800	111,2	12400	16700	171,9	21000	28500	292,5
22	2070	2810	27,6	3370	4590	45,1	5370	7290	71,7	8730	11900	116,7	13500	18300	180,3	23000	31200	306,8
24	2250	3050	28,8	3670	4990	47,1	5830	7920	74,9	9490	12900	121,9	14700	20000	188,4	25000	33900	320,5
26	2430	3300	30,0	3960	5380	49,0	6290	8560	77,9	10200	14000	126,8	15800	21500	196,0	26900	36600	333,5
28	2600	3540	31,2	4240	5780	50,9	6750	9190	80,7	11000	15000	131,6	17000	23100	203,4	28900	39300	342,4
30	2780	3790	32,2	4530	6180	52,6	7210	9830	83,7	11700	16000	136,2	18100	24700	210,6	30800	42100	354,5
32	2960	4030	33,3	4820	6580	54,4	7670	10500	86,4	12490	17000	140,7	19300	26300	217,5	32800	44800	366,1
34	–	4270	34,3	–	6980	56,0	–	11100	89,1	–	18000	145,0	–	27900	224,7	–	47500	377,3
36	–	4520	35,3	–	7380	57,7	–	11700	91,7	–	19100	149,3	–	29500	230,7	–		
38	–	4760	36,3	–	7770	59,3	–	12400	94,2	–	20100	153,3	–	31100	237,0	–		
40	–	5010	37,2	–	8170	60,8	–	13000	96,6	–	21200	157,3	–	32700	243,2	–		

p Ansprechüberdruck; I Sattdampf (kg/h); II Luft 0 °C und 1013 bar mbar (m³n/h); III Wasser bei 20 °C (·10³ kg/h).

Tabelle 3.1 (Fortsetzung)

DN	80			100			125			150		
d_0 (mm)	74			92			98			125		
p bar	I	II	III	I	II	III	I	II	III	I	II	III
0,2	1230	1470	44,0	1910	2280	68	2170	2590	77	3540	4180	125
0,5	1960	2410	70,4	3030	3720	109	3440	4220	123	5570	6770	201
1	2920	3710	99,5	4520	5740	154	5130	6510	175	8510	10700	284
2	4750	6100	140,7	7340	9430	218	8330	10700	247	13500	17200	402
3	6280	8140	172,3	9700	12600	266	11000	14300	302	18200	23500	492
4	7910	10300	199,0	12200	15900	308	13900	18100	349	22600	29300	568
5	9440	12400	222,5	14600	19100	344	16600	21700	390	27000	35200	635
6	11000	14500	243,7	16900	22300	377	19200	25300	427	31400	41000	696
7	12500	16500	263,3	19300	25500	407	21900	29000	462	35700	46900	751
8	14000	18600	281,4	21600	28700	435	24500	32600	494	40100	52700	803
9	15500	20600	298,5	24000	31900	461	27200	36200	524	44400	58600	852
10	17000	22700	314,6	26300	35100	486	29800	39800	552	48700	64400	898
12	20000	26800	344,7	31000	41500	533	35100	47000	605	57400	76100	984
14	23000	31000	372,3	35600	47800	575	40400	54300	653	66000	87800	1060
16	26000	35000	398,0	40200	54200	608	45600	61500	690	74700	99500	1140
18	29000	39200	422,1	44800	60600	646	50900	68800	732			
20	32000	43300	445,0	49400	67000	680	56100	76000	772			
22	34900	47500	461,7	54000	73400	714	61300	83200	810			
24	38000	51600	482,2	58700	79700	745						
26	41000	55700	501,9									
28	43900	59800	520,9									
30	46900	64000	539,2									
32	49900	68100	556,8									

p Ansprechüberdruck; I Sattdampf (kg/h); II Luft 0 °C und 1013 bar mbar (m³·h); III Wasser bei 20 °C (·10³ kg/h) (Fabr. LESER, Typ: 441/442).

Durchfluß am Ventilsitz

weitenbereich der Ventilbauart. Der von der prüfenden Stelle ermittelte Meßwert berücksichtigt mehrere Meßreihen mit entsprechenden Toleranzen.

$$\alpha = \frac{\text{gemessener Massenstrom}}{\text{theoretischer Massenstrom}}$$

Wichtig: theoretischer Massenstrom = tatsächlicher Massenstrom einer vollkommenen Düse.

Der gemessene α-Wert wird aus sicherheitstechnischen Gründen um 10% vermindert. Daraus erhält man die zuerkannte Ausflußziffer:

$$\alpha_W = \frac{\alpha}{1,1} \qquad \text{(Gl. 3.43)}$$

Als Beispiel kann aus Tabelle 3.2 sowie aus Bild 3.11 die zuerkannte Ausflußziffer von einem ausgeführten Sicherheitsventil entnommen werden.

Eine Veränderung des Verhältnisses

$$\frac{h}{d_0} = \frac{\text{Ventilhub [mm]}}{\text{Sitzdurchmesser [mm]}}$$

führt zur α_W-Wert-Verminderung.

Ein eventueller Gegendruck oder Ansprechdrücke mit $p_{a0}/p_0 > 0,2$ können ebenfalls zur Verringerung der Ausflußziffer führen. Diese Zusammenhänge müssen bei der Auslegung der Ventile berücksichtigt werden. Dazu können die Ausflußziffern für den Anwendungsfall aus Diagrammen oder Tabellen entnommen werden.

3.2.4.2 Hubbegrenzung

Die abgestuften Sitzdurchmesser der Sicherheitsventile erlauben eine gute Anpassung an die jeweiligen Betriebsverhältnisse. Darüber hinaus ist es möglich, durch Hubverkürzung den Massenstrom anzupassen.
Eine Verringerung des Verhältnisses h/d_0 ergibt aus den Kurven der zugehörigen α_W-Werte einen entsprechenden verminderten α_W-Wert.

Durch diese Massenstromanpassung kann der Druckverlust in der Zuführungsleitung und der Eigengegendruck im Ventilaustritt, bei Vorhandensein einer längeren Ausblaseleitung, verringert werden.

Eine Überdimensionierung des Ventiles kann zu instabilem Öffnen und Schließen führen, so daß das Ventil «flattert». Die Anpassung an den abzuführenden Massenstrom kann in diesem Fall durch Verringerung der Ventilabblaseleistung erreicht werden.

Eine Limitierung des Ventilhubes mittels mechanischer Hubbegrenzung reduziert den α_W-Wert und stabilisiert Öffnungs- und Schließverhalten. Die Forderung nach AD-Merkblatt A2:

«Konstruktive Hubbegrenzungen müssen einen Hub von mindestens 1 mm zulassen. Die Ausflußziffer darf den Wert
$\alpha_W = 0,08$ für Dämpfe/Gase bzw. den Wert
$\alpha_W = 0,05$ für Flüssigkeiten
nicht unterschreiten»,

ist jedoch bei der Hubbegrenzung einzuhalten.

3.2.4.3 Berechnungsbeispiele

Beispiel 3.1
Medium:		Wasser
Temperatur	t:	50 °C
Massenstrom	q_m:	12 000 kg/h
Ansprechdruck, abs.	p:	6 bar
Gegendruck, abs.	p_a:	2 bar
Druckdifferenz $\Delta p = p - p_a$:		4 bar
Ausflußziffer	α_W:	0,25
Dichte	ϱ:	988 kg/m³ (aus Tabelle «Wasserwerte»)

$$A_0 = 0,6211 \cdot \frac{12\,000}{0,25 \cdot \sqrt{4 \cdot 988}} = 474 \text{ mm}^2$$

Beispiel 3.2
Größenbestimmung mit Berechnung der Ausflußfunktion

Medium: Methan (CH$_4$)
Temperatur t: $+100\,°\text{C} = 100 + 273 = 373$ K

Tabelle 3.2 Bauteilprüfblatt eines Sicherheitsventils (Fabr. ARI)

VdTÜV	Bauteilgeprüftes Sicherheitsventil Bauteilprüfnummer 92-663	Sicherheits- ventil 663 03.92

– Auf das VdTÜB-Merkblatt 001 wird hingewiesen –

1	*Hersteller*	ARI-Armaturen Albert Richter GmbH & Co KG Postfach 13 80 4815 Schloß Holte-Stukenbrock
2	*Bauart*	Direkt wirkendes Sicherheitsventil, federbelastet
3	*Öffnungscharakteristik*	Vollhub-Sicherheitsventil für den Druckbereich > 0,5 bar Normal-Sicherheitsventile für den Druckbereich 0,2 bis 0,5 bar
4	*Typbezeichnung*	Fig. 901 – geschlossene Federhaube Fig. 902 – offene Federhaube
5	*Anforderung*	AD-Merkblatt A2; TRD 421 VdTÜV-Merkblatt Sicherheitsventil 100
6	*Prüfmedium*	Luft
7	*Werkstoff*	entsprechend den einschlägigen Regel- werken (TRD, TRB, AD-Merkblatt, VdTV-Werkstoffblätter)
8	*Bauteilkennzeichen* darin bedeuten	TÜV · SV · 92-663 · d_0 · D/G · α_w · p
	d_0 =	engster Strömungsdurchmesser in mm gemäß Tabelle 1, Spalte 2
	D/G =	vorgesehen zum Abblasen von Dämpfen und Gasen aus Druckbehältern und Dampfkesseln
	α_w =	Ausflußziffer
	p =	Einstellüberdruck in bar Die Werte für d_0, α_w und p sind vom Hersteller entsprechend der Tabelle 1 einzusetzen.

Ersatz für Ausg. 02.87	Nach Prüfbericht des TÜV Rheinland vom 26.03.1992

Tabelle 3.2 (Fortsetzung)

VdTÜB-Merkblatt Sicherheitsventil 663   03.92   Seite 2

Für Sicherheitsventile, die durch Verkleinerung des Ventilhubes dem Massenstrom angepaßt werden sollen, können die Ausflußziffern α_w aus dem Diagramm entnommen werden. Die entsprechenden Werte für α_w sind vom Hersteller in das Bauteilkennzeichen einzutragen.

9. *Gültigkeit des Bauteilkennzeichens*:
Das Bauteilkennzeichen wird verlängert bis März 1997.

10. *Bemerkung*:

10.1 Bei Ausführung des Ventiltellers mit Weichdichtung und/oder des Ventils mit Elastomerfaltenbalg ist der Einsatz auf Temperaturen gem. Angaben des Herstellers eingeschränkt.

10.2 Die Sicherung gegen Verstellen erfolgt durch Plombieren der Anlüftkappe mit der Federhaube.

10.3 Wegen der annähernd gleichgroßen konstruktiven Ausführung des Eintrittsquerschnittes und des engsten Strömungsquerschnittes kann der Druckverlust in der Zuleitung das Funktionsverhalten des Sicherheitsventils beeinflussen.
Die Zuleitung muß dem zulässigen Druckverlust von 3% angepaßt und ggf. entsprechend vergrößert werden.

10.4 Die strömungstechnischen Untersuchungen für die Ventilgrößen DN 125 und DN 150 entsprechen den Bedingungen gemäß Nr. 4.2.1, Bild 2, aus VdTÜV-Merkblatt SV 100, Ausg. 10.91.
Der Druckverlust für den scharfkantigen Einlauf ist berücksichtigt.

1	2	3	4	5	6	7	8	9	10	11	12	13	
Eintritts- nennweite DN	Sitz Ø d_0 mm	Druckbereich (bar)									von	bis	Tabelle 1
		0,2...1,5			1,5...3,5								
		$\frac{h}{d_0}=$	$\frac{p_{a0}}{p}$	α_w	$\frac{h}{d_0}=$	$\frac{p_{a0}}{p}$	α_w	$\frac{h}{d_0}=$	$\frac{p_{a0}}{p}$	α_w			
20	18	0,32			0,25			0,25				40	
25	22,5				0,23			0,23					
32	29		0,4...0,83	aus Diagramm		0,22...0,4	aus Diagramm		0,22	0,74	3,6	34	
40	36												
50	45	0,3											
65	58,5				0,25			0,25				28	
80	72												
100	90											19	
125	106	$h/d_0 = 0{,}274$ $p_{a0}/p = 0{,}2...0{,}83$							0,2	0,7	4	27	
150	125	α_w aus Diagramm										26	

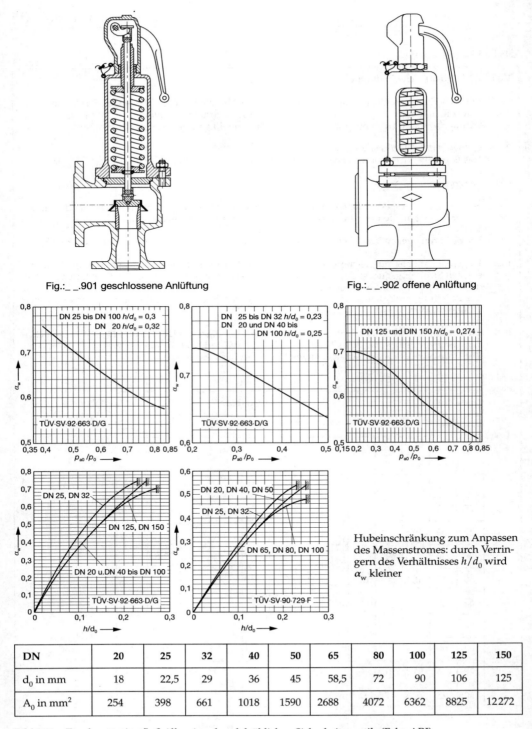

Bild 3.11 Zuerkannte Ausflußziffer eines handelsüblichen Sicherheitsventils (Fabr. ARI)

Durchfluß am Ventilsitz

Massenstrom q_m: 4500 kg/h
Ansprechdruck, abs. p: 1,7 bar
Gegendruck p_a: Atmosphäre
Isentropenexponent k: 1,31 (aus Tabelle Stoffwerte für Gase und Dämpfe)

$$\frac{p_a}{p} = \frac{1}{1,7} = 0,588 > 0,544 \left(\frac{p_a}{p}\right)_{Kr}$$

aus Tabelle «Stoffwerte für Gase und Dämpfe»

damit unterkritisch und ψ unterkritisch ist zu berechnen

$$\psi = \sqrt{\frac{1,31}{1,31-1}} \cdot \sqrt{\left(\frac{1,0}{1,7}\right)^{\frac{2}{1,31}} - \left(\frac{1,0}{1,7}\right)^{\frac{1,31+1}{1,31}}}$$
$= 0,471$

Molare Masse M: 16 (aus Tabelle Stoffwerte für Gase und Dämpfe)

Realgasfaktor Z: 1,0 (aus VDI 2040, Blatt 4)

Ausflußziffer α_w: 0,65

$$A_0 = 0,1791 \cdot \frac{4500}{0,471 \cdot 0,65 \cdot 1,7} \cdot \sqrt{\frac{373 \cdot 1,0}{16}}$$
$= 7477 \text{ mm}^2$

Beispiel 3.3
Größenbestimmung nach Tabellenwerten

Medium: H_2-Gas (Wasserstoffgas)
Temperatur t: +45 °C
Massenstrom q_m: 12 000 kg/h
Ansprechdruck, abs. p: 26 bar
Gegendruck p_a: Atmosphäre
Isentropenexponent k: 1.41 (aus Tabelle Stoffwerte für Gase und Dämpfe)

$$\left(\frac{p_a}{p}\right) = \frac{1}{26} = 0,038 < 0,528 \left(\frac{p_a}{p}\right)_{Kr}$$

damit Ausfluß- $\psi = \psi_{max}$: 0,485 (aus Tabelle Funktion Stoffwerte für Gase und Dämpfe)

molare Masse M: 2 (aus Tabelle Stoffwerte für Gase und Dämpfe)

Realgasfaktor Z: 1,023 (aus VDI 2040, Blatt 4)
Ausflußziffer α_w: 0,78

$$A_0 = 0,1791 \cdot \frac{12\,000}{0,485 \cdot 0,78 \cdot 26} \cdot \sqrt{\frac{(273+45) \cdot 1,023}{2}} = 2787 \text{ mm}^2$$

Beispiel 3.4
Größenbestimmung nach der rechnerischen Ermittlung

Medium: Sattdampf
Massenstrom q_m: 2500 kg/h
Ansprechdruck, abs. p: 4,0 bar
Gegendruck, abs. p_a: 2,5 bar variabel
Ausflußziffer α_w: 0,63
Isentropenexponent k: 1,14 (aus Tabelle)

$$\frac{p_a}{p} = \frac{2,5}{4} = 0,625 > 0,576 = \left(\frac{p_a}{p}\right)$$
$$= \left(\frac{2}{1,14+1}\right)^{\frac{1,14}{1,14-1}}$$

damit unterkritisch und ψ unterkritisch ist zu berechnen

$$\psi = \sqrt{\frac{1,14}{1,14-1}} \cdot \sqrt{\left(\frac{2,5}{4}\right)^{\frac{2}{1,14}} - \left(\frac{2,5}{4}\right)^{\frac{1,14+1}{1,14}}}$$
$= 0,4475$

Spezifisches Volumen aus Tabelle
$v = 0,4622$ kg/m³;
damit errechnet sich der Druckmittelbeiwert

$$x = \frac{0,6211}{0,4475} \cdot \sqrt{4 \cdot 0,4622} = 1,887$$

$$A_0 = \frac{1,887 \cdot 2500}{0,63 \cdot 4} = 1872 \text{ mm}^2$$

Beispiel 3.5
Größenbestimmung nach Diagrammwert

Medium: Sattdampf
Massenstrom q_m: 2500 kg/h
Ansprechdruck, abs. p: 4,0 bar
Gegendruck, abs. p_a: Atmosphäre
Ausflußziffer α_w: 0,78
Druckmittelbeiwert x: 1,88 (aus x-Wert-Diagramm, Bild 3.2)

$$A_0 = \frac{1,88 \cdot 2500}{0,78 \cdot 4,0} = 1506 \text{ mm}^2$$

Beispiel 3.6
Größenbestimmung nach Diagrammwert

Medium:		überhitzter Dampf
Temperatur	t:	300 °C
Massenstrom	q_m:	10 000 kg/h
Ansprechdruck, abs.	p:	16 bar
Gegendruck	p_a:	Atmosphäre
Ausflußziffer	α_w:	0,78
Druckmittelbeiwert	x:	2,10 (aus x-Wert Diagramm, Bild 3.2)

$$A_0 = \frac{2,10 \cdot 10000}{0,78 \cdot 16} = 1683 \text{ mm}^2$$

Beispiel 3.7
Größenbestimmung eines Sicherheitsventils für ausdampfende Flüssigkeit, am Beispiel des Mediums Heißwasser:

Medium:	Heißwasser
Temperatur:	$\vartheta = 200$ °C
Massenstrom	$q_m = 100\,000$ kg/h
Ansprechdruck, abs.	$p_0 = 20$ bar
Gegendruck:	$p_{a,0} = $ Atmosphäre

$h'_0 = 852$ kJ/kg
Enthalpie des Wassers vor dem Ventil, bezogen auf die Temperatur 200 °C

$h'_{a,0} = 417$ kJ/kg
Enthalpie des Wassers hinter dem Ventil, bezogen auf den Sättigungszustand des Gegendrucks 1 bar absolut

$\Delta h_{v(a,0)} = 2258$ kJ/kg
Verdampfungsenthalpie, bezogen auf den Sättigungszustand hinter dem Ventil

$$n = \frac{852 - 417}{2258} = 0,1926$$

(d.h. 19,3 % Dampfanteil)

Dampfmengenanteil damit:
$q_{m,D} = 100\,000$ kg/h $\cdot$ 0,1926 $= 19\,260$ kg/h

Flüssigkeitsmengenanteil:
$q_{m,F} = 100\,000$ kg/h $- 19\,260$ kg/h $= 80\,740$ kg/h

Mit diesen Massenstromanteilen sind die Teil-Strömungsquerschnitte zu berechnen und dann zu addieren:

Ausflußziffer für Dämpfe und Gase:
$\alpha_w = 0,78$ (aus Katalog)

Ausflußziffer für Flüssigkeiten:
$\alpha_w = 0,60$ (aus Katalog)

Dichte der Flüssigkeit (200 °C/20 bar):
$\varrho = 865$ kg/m³

Druckdifferenz:
$\Delta p = 20$ bar $- 1$ bar $= 19$ bar

Druckmittelbeiwert (20 bar/Sattdampftemperatur):
$x = 1,96$ (Bild 3.2)

Flüssigkeits-Teilquerschnitt:

$$A_{0,F} = 0,6211 \cdot \frac{q_{m,F}}{\alpha_w \cdot \sqrt{\Delta p \cdot \varrho}}$$

$$A_{0,F} = 0,6211 \cdot \frac{80\,740}{0,6 \cdot \sqrt{19 \cdot 865}} = 652 \text{ mm}^2$$

Dampf-Teilquerschnitt:

$$A_{0,D} = x \cdot \frac{q_{m,D}}{\alpha_w \cdot p}$$

$$A_{0,D} = 1,96 \cdot \frac{19\,260}{0,78 \cdot 20} = 2420 \text{ mm}^2$$

Gesamtquerschnitt:

$$A_0 = (A_{0,F} + A_{0,D}) \cdot f_A$$
$$A_0 = (652 \text{ mm}^2 + 2420 \text{ mm}^2) \cdot 1,2 = 3686 \text{ mm}^2$$

Strömungsdurchmesser:

$$d_0 = 68,5 \text{ mm}$$

3.3 Ventilzuleitung

Die einwandfreie Funktion eines Sicherheitsventils ist u.a. abhängig vom Druckverlust zwischen dem abzusichernden Druckraum und dem Eintritt in das Ventil (Bild 3.12).
Daraus leitet sich die grundsätzliche Forderung ab, das Ventil möglichst direkt an das ab-

Ventilzuleitung

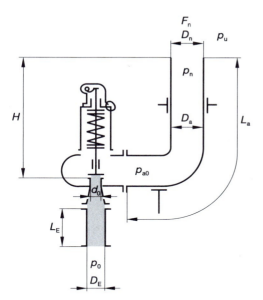

Bild 3.12 Schematische Darstellung eines Sicherheitsventils zur Zuführ- und Abblaseleitung

zusichernde System zu installieren. Ist dies aus anlagentechnischen Gründen nicht möglich, muß der Druckverlust der Zuleitung ermittelt werden. Widerstände von Einlaufstutzen, Krümmern, Rohrleitungen und sonstigen Einbauten bestimmen den Druckverlust in der Zuleitung.

Zur Vermeidung von Ventilschwingungen muß der Druckverlust in der Zuleitung kleiner sein als die Schließdruckdifferenz des Sicherheitsventils.

Der zulässige Druckverlust in der Zuleitung ist nach AD-Merkblatt A2, Abschnitt 6.2.2 bei größtem abzuführenden Massenstrom auf 3% der Druckdifferenz zwischen Ansprechdruck und Fremdgegendruck begrenzt.

Voraussetzung für eine ungestörte Funktion bei diesem Druckverlust ist, daß die Schließdruckdifferenz des eingebauten Sicherheitsventils mindestens 5% beträgt.

Bei kleinerer Schließdruckdifferenz als 5% muß der Unterschied zwischen Druckverlust in der Zuleitung und Schließdruckdifferenz mindestens 2% des Ansprechdruckes betragen.

Sind anlagenbedingt längere Zuleitungen erforderlich, so ist der Druckverlust zwischen abzusicherndem Druckraum und Eintritt zum Sicherheitsventil zu ermitteln. Nach AD-A2 (und TRD 421, CEN) muß der Druckverlust auf 3% des Ansprechüberdruckes (genauer: Einstellüberdruckes) bei dem tatsächlichen Abblasemassenstrom des Sicherheitsventils (also nicht dem um 10% reduzierten) begrenzt werden.

Für das Verhältnis Leitungsquerschnitt A_E zu «effektivem tatsächlichen» Abblasequerschnitt $1{,}1 \cdot \alpha_w \cdot A_0$ des Sicherheitsventils kann aus dem Diagramm lt. AD-A2 der zulässige gesamte Widerstandsbeiwert ζ_Z entnommen werden, der gerade einen Druckverlust von 3% erzeugt.

Für Gase/Dämpfe ist dieser Widerstandsbeiwert vom Druckverhältnis $p_{a,0}/p_0$ und vom Isentropenexponenten k abhängig.

Grundgleichungen:
verbleibende Druckdifferenz:

$$\Delta p' = 0{,}97 \cdot \Delta p \qquad (\text{Gl. 3.44})$$

Strömungsgeschwindigkeit in d_0:

$$w_0 = \alpha \cdot \sqrt{\frac{2 \cdot \Delta p}{\varrho_0}} \qquad (\text{Gl. 3.45})$$

Strömungsgeschwindigkeit in D_E:

$$w_E = w_0 \cdot \frac{A_0}{A_E} \quad \text{und } w_0 \text{ eingesetzt}$$

$$w_E^2 = \left(\frac{\alpha \cdot A_0}{A_E}\right)^2 \cdot \frac{2 \cdot \Delta p'}{\varrho_0} \qquad (\text{Gl. 3.46})$$

Basisgleichung für den Druckverlust in der Zuleitung:

$$\Delta p_R = \zeta_Z \cdot \frac{\varrho_0}{2} \cdot w_E^2 \qquad (\text{Gl. 3.47})$$

damit:

$$\zeta_Z = \frac{0{,}03}{0{,}97} \cdot \left(\frac{A_E}{1{,}1 \cdot \alpha_w \cdot A_0}\right)^2 \qquad (\text{Gl. 3.48})$$

3.3.1 Zuleitung von Flüssigkeiten

Für *Flüssigkeiten* (Grenzfall $p_{a,0}/p_0 \to 1{,}0$) gilt der einfache Zusammenhang:

$$\Delta p_R = 0{,}03 \cdot (p_0 - p_{a,0})$$

$$\frac{\Delta p_R}{p_0} = 0{,}03 \cdot \left(1 - \frac{p_{a,0}}{p_0}\right)$$

$$\Delta p_R = \zeta_Z \cdot \frac{\varrho_0}{2} \cdot w_E^2$$

Hierin ist der Widerstandsbeiwert der Zuleitung:

$$\zeta_Z = \zeta_\lambda + \Sigma \zeta_i \quad \text{mit:} \quad \zeta_\lambda = \lambda \cdot \frac{L_E}{D_E},$$

Widerstandsbeiwert durch Rohrreibung $\Sigma \zeta_i$, die Summe der Widerstandsbeiwerte der Leitungs- und Einbauteile (s. Bild 3.13)

Hieraus läßt sich die zulässige Leitungslänge L_E berechnen:

$$L_E = (\zeta_Z - \Sigma \zeta_i) \cdot \frac{D_E}{\lambda} \qquad \text{(Gl. 3.49)}$$

3.3.2 Zuleitung von Gasen und Dämpfen

Für *Gase und Dämpfe* erhält man den zulässigen Widerstandsbeiwert mit:

$$\zeta_Z = \frac{1}{k} \cdot \left(C \cdot \left(\frac{A_E}{1{,}1 \cdot \alpha_w \cdot A_0} \right)^2 - 1 \right) \cdot \frac{\Delta p_R}{p_0} \cdot$$

$$\cdot \left(1 + \frac{3}{2} \cdot \frac{\Delta p_R}{p_0} + 2 \cdot \left(\frac{\Delta p_R}{p_0}\right)^2 \right) \qquad \text{(Gl. 3.51)}$$

mit: $\dfrac{\Delta p_R}{p_0} = 0{,}03 \cdot \left(1 - \dfrac{p_{a,0}}{p_0}\right)$ (Gl. 3.51)

und: $C = 2 \cdot \left(\dfrac{k+1}{2}\right)^{\frac{k+1}{k-1}}$ (Gl. 3.52)

für: $\dfrac{\dfrac{p_{a,0}}{p_0}}{1 - \dfrac{\Delta p_R}{p_0}} \le \left(\dfrac{2}{k+1}\right)^{\frac{k}{k-1}}$ (Gl. 3.53)

bzw.: $C = \dfrac{k-1}{\left(\dfrac{\dfrac{p_{a,0}}{p_0}}{1-\dfrac{\Delta p_R}{p_0}}\right)^{\frac{2}{k}} - \left(\dfrac{\dfrac{p_{a,0}}{p_0}}{1-\dfrac{\Delta p_R}{p_0}}\right)^{\frac{k+1}{k}}}$ (Gl. 3.54)

für: $\dfrac{\dfrac{p_{a,0}}{p_0}}{1 - \dfrac{\Delta p_R}{p_0}} > \left(\dfrac{2}{k+1}\right)^{\frac{k+1}{k}}$ (Gl. 3.55)

$\dfrac{\Delta p_R}{p_0}$ Verhältnis vom Druckverlust zum absoluten Druck vor dem Einlauf im abzusichernden System;

$\dfrac{p_{a,0}}{p_0}$ Verhältnis des absoluten Fremdgegendruckes zum abs. Druck vor dem Einlauf im abzusichernden System.

In Bild 3.14 ist der zulässige Widerstandsbeiwert für die Zuleitung zum Sicherheitsventil dargestellt.

Die Leitungslänge erhält man ebenfalls aus Gleichung 3.49.

Beispiel 3.8:
Luft, $p = 100$ bar, $k = 1{,}4$;
DN 80×125, $d_0 = 50$ mm, $\alpha_w = 0{,}78$

$$\frac{A_E}{1{,}1 \cdot \alpha_w \cdot A_0} = \frac{80^2}{1{,}1 \cdot 0{,}78 \cdot 50^2} = 2{,}98$$

aus Diagramm zulässiger Widerstandsbeiwert $\zeta_z = 1{,}2$.

Die zulässige Leitungslänge ergibt sich, bei Berücksichtigung des scharfkantigen Eintrittstutzen mit $\zeta = 0{,}5$:

$$L_E = (1{,}2 - 0{,}5) \cdot \frac{80}{0{,}02} = 2800 \text{ mm}$$

Ventilzuleitung 41

a) Reibungsbeiwerte von Rohrleitungen für K = 70 µm (Richtwerte)

D_E [mm]	20	50	100	200	500
λ	0,027	0,021	0,018	0,015	0,013

b) Verlustbeiwerte ζ_i (Richtwerte) von Formstücken

Rohrbogen	Umlenkverluste für $\delta = 90°$ und $k = 70$ µm					
	R/D_E \ D_E	20	50	100	200	500
Für $\delta \neq 90°$ $\zeta_{u\delta} = \zeta_{u90} \cdot \sqrt{\dfrac{\delta}{90}}$	1,0	0,42	0,33	0,27	0,24	0,19
	1,25	0,35	0,28	0,23	0,20	0,16
	1,6	0,29	0,23	0,19	0,17	0,14
	2	0,25	0,19	0,16	0,14	0,12
	2,5	0,22	0,17	0,15	0,13	0,10
	3,15	0,20	0,15	0,13	0,11	0,10
	4	0,18	0,14	0,12	0,10	0,10
	5	0,16	0,12	0,10	0,10	0,10
	6,3	0,14	0,11	0,10	0,10	0,10
	8	0,12	0,10	0,10	0,10	0,10
	10	0,14	0,11	0,10	0,10	0,10

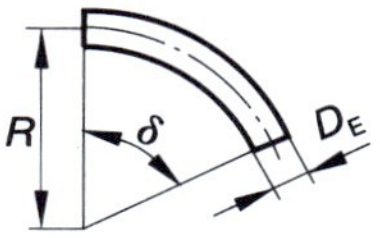

			ζ_i
Zuleitungsstutzen	gut gerundet		0,1
	Kante normal gebrochen		0,25
	Kante scharf oder durchgestecktes Rohr		0,50
stetige Querschnittsverengung 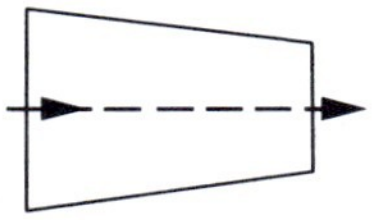	bezogen auf den verengten Querschnitt		0,1
rechtwinklige T-Stücke 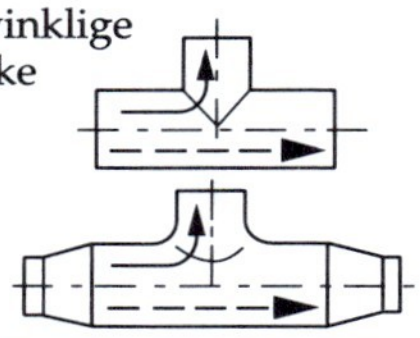	Stutzen scharfkantig eingesetzt	im Durchgang	0,35[3])
		im Abzweig	1,28[3])
	Stutzen ausgehalst oder ausgesetzt, Einlauf abgerundet[1])	im Durchgang	0,2[3])
		im Abzweig	0,75[3])
Wechselventil/Verblockungseinrichtungen			[2])

[1]) Für die Hochdruckleitungen üblich erweiterte T-Stücke.
[2]) ζ-Wert-Bestimmung erforderlich.
[3]) Bezogen auf den Staudruck in der zum Sicherheitsventil abgehenden Leitung.

[2]) $\zeta' = 1,8 \ldots 2,4$
(genauere Werte nach Herstellerangaben)

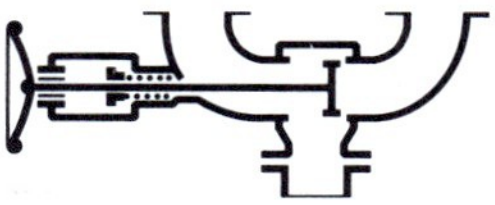

Bild 3.13 Reibungs- und Verlustbeiwerte

Zul. Widerstandsbeiwert ζ_z (bei $k = 1{,}3$) für 3% Druckverlust (durchgezogene Linie: Dämpfe und Gase; gestrichelte Linie: gilt auch für Flüssigkeiten, unabhängig vom Druckverhältnis)

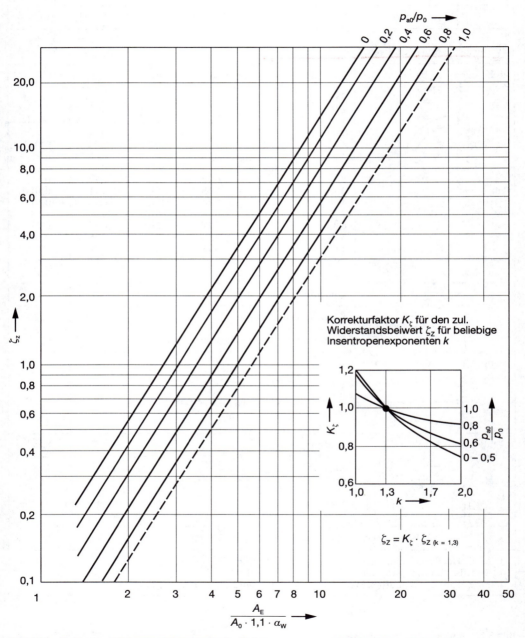

Bild 3.14 Zulässiger Widerstandsbeiwert in der Zuleitung

3.3.2.1 Brechnungsbeispiel

Beispiel 3.9
Aufgabenstellung
Zu dem in der Skizze dargestellten Wasserdampferzeuger soll das Sicherheitsventil ausgelegt werden.
Zulässiger Betriebsüberdruck: 10 bar
Speisewassereintrittstemperatur: $\vartheta = 170\,°C$
Laut Aufgabenstellung beträgt der Wärmestrom $\dot{Q} = 4\,MW = 4000\,kW$

Aufgabenlösung
Enthalpie des eintretenden Wassers:
$h_w = 718{,}8\,kJ/kg$
Enthalpie des Sattdampfes bei 11 bar absolut:
$h_D = 278{,}3\,kJ/kg$
Aus der Energiebilanz kann der bei Ansprechen des Sicherheitsventils austretende Dampfmassenstrom q_m bestimmt werden mit:
$\dot{Q} = q_m \cdot (h_D - h_w)$
zu:
$q_m = \dfrac{\dot{Q}}{h_D - h_w}$

$q_m = \dfrac{4000}{2781{,}3 - 718{,}8} = 1{,}94\,kg/s$

$q_m = 6982\,kg/h$

Den engsten Querschnitt A_0 vor dem Ventilsitz bestimmt man nach Gleichung 3.37

$A_0 = \dfrac{x \cdot q_m}{\alpha_w \cdot p_0}$

Beiwert $x\ \ = 1{,}94$ nach Bild 3.9
$q_m = 6982\,kg/h$
$p_0 = 11\,bar$

Annahme:
a) $\alpha_w = 0{,}8$

damit:
$A_0 = \dfrac{1{,}94 \cdot 6982}{0{,}8 \cdot 11}$

$A_0 = 1539{,}2\,mm^2$
$d_0 = 44{,}3\,mm$

b) $\alpha_w = 0{,}7$

damit:
$A_0 = \dfrac{1{,}94 \cdot 6982}{0{,}7 \cdot 11}$

$A_0 = 1759{,}1\,mm^2$
$d_0 = 47{,}3\,mm$

Ausgewählte Ventile:
Firma «L»   Ventil Typ 541 – DN 50
$d_0 = 50\,mm$
$DN = 80$

Skizze   **Schema**

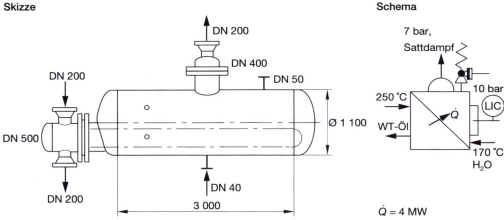

Bild zu Beispiel 3.9

oder Ventil Typ 441 – $DN\ 50$
$d_0 = 46$ mm
$DN = 80$

Firma «S» Ventil der Type VSE oder VSR der Sitzgruppe J bzw. K ($\alpha_w = 0{,}82$)
Sitzgruppe J: $A_0 = 1521$ mm², $DN_E = 80$, $DN_A = 150$
Sitzgruppe K: $A_0 = 2043$ mm², $DN_E = 100$, $DN_A = 150$

Firma «B» Ventil der Type Si 61 oder Si 63
Ventilgröße 65 × 100, d. h.
$DN_E = 65$, $DN_A = 100$
$A_0 = 1964$ mm², $\alpha_w = 0{,}78$

Für die Länge L_E der Zuleitung ergibt sich nach Gl. 3.50 und Bild 3.14 je nach gewähltem Ventil:

Ventiltyp	Fabrikat				Einheit
	Firma «L»		Firma «S»	Firma «B»	
	Typ 541	Typ 441	Typ Sitzgruppe J	Typ 65 × 100	
D_E	50	50	80	65	
A_E	1963	1963	5027	3318	mm²
A_0	1963	1662	1521	1964	mm²
α_w	0,7	0,7	0,82	0,78	
$\dfrac{A_E}{1{,}1 \cdot \alpha_w \cdot A_0}$	1,3	1,52	3,66	1,97	
ξ_z	0,22	0,35	1,7	0,45	
$\Sigma \xi_i$	0,05	0,05	0,5	0,2	
$L_E = (\xi_z - \xi_i) \cdot \dfrac{D_E}{\lambda}$	404	714	4800	812	mm

3.4 Ausblaseleitung

Sicherheitsventile können das abzuführende Medium ausblasen:

a) direkt in die Atmosphäre,
b) über Ausblasleitungen in die Atmosphäre,
c) über Schalldämpfer in die Atmosphäre,
d) in ein System niedrigeren Druckes (z. B. Fackelleitungen).

Die Kenntnis vom Zustand des Mediums hinter dem Ventil ist sehr wichtig bezüglich der Ventilfunktion, Ventilleistung sowie in den Auswirkungen auf Reaktionskräfte, Lärm und Wärmespannungen. Entsprechend dieser Anforderungen müssen Ausblasleitungen dimensioniert, verlegt und befestigt werden.

Um den Zustand des Mediums im Ausblas zu erfassen, ist es notwendig, bei gegebenem Massenstrom und Ausblasquerschnitt den Druck am Ventilaustritt bzw. in den verschiedensten Leitungsteilen zu bestimmen.

Im Gegensatz zu den Eintrittsleitungen ist hier bei Gasen und Dämpfen die Kompressibilität zu beachten.

Am Austritt in die Atmosphäre oder in ein anderes Drucksystem wird die Schallgeschwindigkeit oft erreicht.

Die damit verbundenen hohen Strömungsgeschwindigkeiten verursachen einen hohen und von der Entfernung zum Austritt abhängigen Druckverlust. Weil aber kein konstanter Bezugsstaudruck besteht, wird daher verzichtet, den Druckverlust wie auf der Eintrittsseite über Druckverlustziffern zu berechnen.

Um die Funktion eines Sicherheitsventiles zu gewährleisten, ist u. a. auch die richtige Auslegung der Abblaseleitung von Bedeutung. Bei falsch ausgelegten Abblaseleitungen kann es zu Ventilschwingungen kommen und möglicherweise gar zu einer erheblichen Verminderung der Abblaseleistung mit der Folge einer unzulässigen Druckerhöhung im System.

Die Abblaseleitung darf niemals kleiner als die Austrittsnennweite des Sicherheitsventils ausgeführt werden. Sie muß gegen Einfrieren gesichert sein. Bei ausgasenden und verdampfenden Flüssigkeiten müssen in unmittelbarer Nähe des Ventils Entspannungseinrichtungen ausreichender Größe angeordnet werden.

Maßgeblich für die Dimensionierung der Rohrleitung sind die Gegendrücke auf der Austrittsseite des Ventils. Man unterscheidet 2 Arten von Gegendrücken:

❏ *Eigengegendruck*
Der Eigengegendruck ist der auf der Austrittsseite durch das Abblasen aufgebaute Überdruck. Ursache dieses Eigengegendrucks ist der Strömungswiderstand des Abblaseleitungssystems.

❏ *Fremdgegendruck*
Der Fremdgegendruck ist der Überdruck auf der Austrittsseite bei geschlossenem Ventil. Fremdgegendrücke können konstant oder variabel sein.

Bei der Auslegung der Abblaseleitung werden alle Gegendrücke ermittelt. An welchen spezifischen Stellen die Berechnung dabei erfolgen muß, ist von der Gestaltung der Rohrleitung abhängig und muß im Einzelfall festgelegt werden.

Die Abblaseleitung sollte so dimensioniert werden, daß der Gegendruck p_{a0} direkt hinter dem Sicherheitsventil die Summe aus Schließdruckdifferenz und Öffnungsdruckdifferenz nicht überschreitet, damit ein Ventilflattern vermieden wird. Bei Faltenbalg-Sicherheitsventilen darf der Gegendruck $p_{a0\,zul}$ bei größtem abzuführenden Massenstrom maximal 30% des Ansprechdruckes, nicht jedoch mehr als 3 bar Überdruck, betragen.

Der Eigengegendruck $p_{a,e}$ im Ventilaustritt entsteht beim Abblasen des Ventils infolge des Widerstandes ζ_A der Ausblaseleitung mit Krümmern, Schalldämpfer und evtl. anderen Einbauten.

3.4.1 Ausblaseleitung für Flüssigkeiten
(Bild 3.15)

Der sich einstellende Überdruck am Sicherheitsventilaustritt $(p_{a,e} - p_u)$ bezogen auf den Differenzdruck $(p_0 - p_{a,e})$ am Sicherheitsventil ist:

$$\frac{p_{a,e} - p_u}{p_0 - p_{a,e}} = \zeta_A \cdot \left(\frac{1{,}1 \cdot \alpha_W \cdot A_0}{A_A}\right)^2 \quad \text{(Gl. 3.56)}$$

p_u atmospärischer Umgebungsdruck im Leistungsende
p_0 Behälterdruck

Mit steigendem Eigengegendruck wird bei Flüssigkeiten die Druckdifferenz $(p_0 - p_{a,e})$ und damit der Massenstrom verringert.

Anmerkung:
Durch den Faktor 1,1 wird berücksichtigt, daß der α_W-Wert um 10% reduziert ist. Eine Massenstromzunahme durch die Drucksteigerung wird durch den Gegendruck eher kompensiert. Soll der Eigengegenüberdruck auf 15% des Ansprechüberdruckes begrenzt werden, so gilt:

$$\frac{p_{a,e} - p_u}{p_0 - p_{a,e}} = 0{,}15 \quad \text{(Gl. 3.57)}$$

Daraus folgt als Bedingung für den zulässigen Widerstandsbeiwert der Ausblaseleitung $\zeta_{A,zul}$:

$$\zeta_{A,zul} = \frac{0{,}15}{1 - 0{,}15} \cdot \left(\frac{A_A}{1{,}1 \cdot \alpha_W \cdot A_0}\right)^2 \quad \text{(Gl. 3.58)}$$

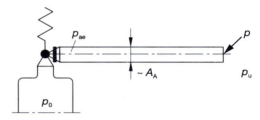

Bild 3.15 Mündungsdruck der Abblaseleitung bei Flüssigkeiten

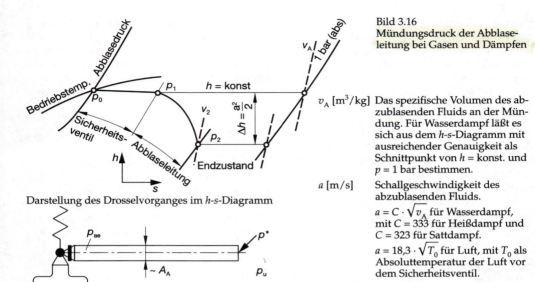

Bild 3.16
Mündungsdruck der Abblaseleitung bei Gasen und Dämpfen

v_A [m³/kg] Das spezifische Volumen des abzublasenden Fluids an der Mündung. Für Wasserdampf läßt es sich aus dem h-s-Diagramm mit ausreichender Genauigkeit als Schnittpunkt von h = konst. und p = 1 bar bestimmen.

a [m/s] Schallgeschwindigkeit des abzublasenden Fluids.

$a = C \cdot \sqrt{v_A}$ für Wasserdampf, mit $C = 333$ für Heißdampf und $C = 323$ für Sattdampf.

$a = 18{,}3 \cdot \sqrt{T_0}$ für Luft, mit T_0 als Absoluttemperatur der Luft vor dem Sicherheitsventil.

3.4.2 Ausblaseleitung für Gase und Dämpfe (Bild 3.16)

Hier muß bei genügend starker Expansion des Mediums im Ventilaustritt davon ausgegangen werden, daß sich am Leitungsende ein zweiter kritischer Strömungszustand mit einem «kritischen» Mündungsdruck p^* einstellt, der größer ist als der Umgebungsdruck p_u.

Der Begriff «kritischer» Zustand bedeutet, daß die Machzahl Ma = 1 ist, d.h. Strömungsgeschwindigkeit gleich Schallgeschwindigkeit.

Dieser Fall liegt dann vor, wenn im Austrittsquerschnitt bei der Dichte unter Umgebungsdruck p_u und mit der maximal möglichen Geschwindigkeit nämlich der Schallgeschwindigkeit ($a = \sqrt{k \cdot R_i \cdot T}$) der Massenstrom q_m des Sicherheitsventils nicht erreicht werden kann (s. Bild 3.17).

Den sich dann einstellenden Mündungsdruck $p^* > p_u$ berechnet man mit:

$$\frac{p^*}{p_0} = \left(\frac{2}{k+1}\right)^{\frac{k}{k-1}} \cdot \left(\frac{1{,}1 \cdot \alpha_W \cdot A_0}{A_A}\right) \geq p_u \quad \text{(Gl. 3.59)}$$

p^* Mündungsdruck, absolut
p_0 Ansprechdruck, absolut

A_A ist der Strömungsquerschnitt der Ausblaseleitung, der größer oder gleich dem Ventilaustrittsquerschnitt sein kann.

Aus der obigen Gleichung kann mit Kenntnis des absoluten Ansprechdruckes der absolute Mündungsdruck am Leitungsende berechnet werden.

Wenn der errechnete Zahlenwert des Mündungsdruckes kleiner ist als der atmosphärische Druck 1 bar, liegt kein «kritisches» Ausströmen vor und der Mündungsdruck ist natürlich gleich 1 bar!

Wichtig:
Der atmosphärische Umgebungsdruck p_u ist beim Einmünden in ein Gegendrucksystem gleich dem Fremdgegendruck $p_{a,f}$ zu setzen!

Um die Höhe des Eigengegendruckes in einer gegebenen Ausblaseleitung bestimmen zu können, müssen folgende Kriterien bekannt sein:

- Länge und Durchmesser der vorgesehenen Ausblaseleitung
- Anzahl und Angabe über die evtl. vorhandenen Einbauten, z. B. Bögen usw.
- Ansprechdruck des Sicherheitsventils

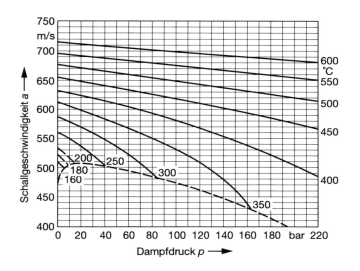

Bild 3.17
Schallgeschwindigkeiten für Wasserdampf

- Medium
- max. möglicher, von dem Sicherheitsventil abgeführter Massenstrom

Mit Gleichung 3.60 kann der Gegendruck im Abblasefall bestimmt werden:

$$p_{n0} = p_0 \cdot \frac{2 \cdot \psi \cdot \alpha}{\sqrt{k \cdot (k+1)}} \cdot \left(\frac{d_0}{d_A}\right)^2 \quad \text{(Gl. 3.61)}$$

Es gilt: $p_{n0} = p_u + p_{af}$
$p_{a0} = p_{ae} + p_{af}$

$$\frac{p_{ao}}{p_0} = \sqrt{\left(\frac{p_{n0}}{p_0}\right)^2 + 2 \cdot \left(\lambda \cdot \frac{L_A}{d_A} + \Sigma \zeta + 2 \cdot \ln \frac{p_{a0}}{p_{n0}}\right) \cdot \psi^2 \cdot \alpha^2 \cdot \left(\frac{d_0}{d_A}\right)^4} \quad \text{(Gl. 3.60)}$$

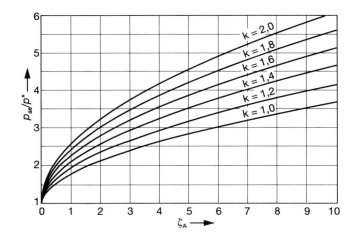

Bild 3.18
Eigengegendruck p_{ae} im Ventilaustritt zum «kritischen» Druck p^* am Leitungsende in Abhängigkeit vom ζ-Wert der Ausblaseleitung

48 Sicherheitsventile

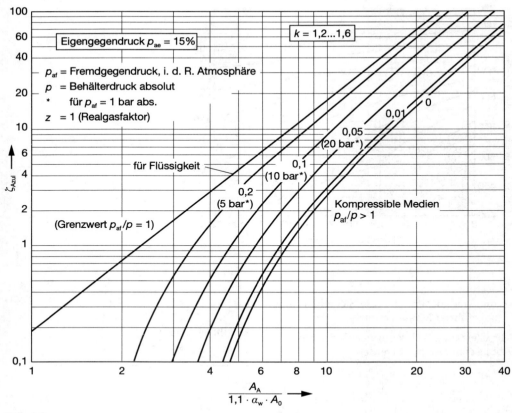

Bild 3.19 Ausblaseleitung: Zulässiger Widerstandsbeiwert $\zeta_{A\,zul}$ für einen Eigengegendruck von 15 %

Beispiel:
gewähltes Sicherheitsventil
Si 6302 DN 80 × 150
$d_0 = 63$ mm, $\alpha_w = 0{,}78$
Medium: Luft
Ansprechdruck abs: $p = 40$ bar
Gegendruck $p_{af} = 1$ bar
ohne Faltenbalg, d.h.
zul. Eigengegendruck $p_{ae} = 15\,\%$
Durchmesser der Austrittsleitung: 150 mm

gesucht:
zul. Widerstandsbeiwert ζ_{Azul} der Ausblaseleitung

Lösung:
$$\frac{A_A}{1{,}1 \cdot \alpha_w \cdot A_0} = \frac{150^2}{1{,}1 \cdot 0{,}78 \cdot 63^2} = 6{,}6$$

$$\frac{p_{af}}{p} = \frac{1}{40} = 0{,}025$$

aus Diagramm: $\zeta_{Azul} = 1$

Zur Vermeidung aufwendiger Iterationen und wegen ausreichender Genauigkeit wird in den Term $\ln \frac{p_{a0}}{p_{n0}}$ der zulässige Gegendruck p_{a0} eingesetzt.
Mindestens muß jedoch $\frac{p_{a0}}{p_{n0}} \geq 1{,}0$ sein.

In Bild 3.18 kann für den gegebenen Widerstandsbeiwert ζ_A der Ausblaseleitung das Verhältnis p_{ae}/p^* als Verhältnis absoluter Drücke entnommen werden.

Somit kann der Gegendruck p_{ae} ermittelt werden mit Kenntnis von p^* aus Gleichung 3.59.

Druckstoß in der Zuleitung 49

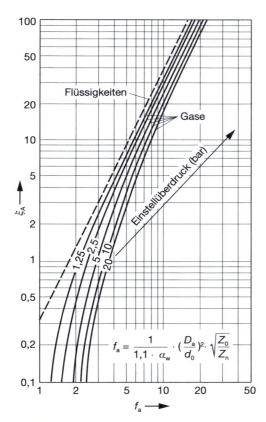

Bild 3.20 Zulässiger Widerstandsbeiwert ξ_a für einen Druckverlust der Abblaseleitung von 30% ($1{,}2 \leq k \leq 1{,}6$)

Für einen Eigengegendruck von 15% kann der ξ_A-Widerstandsbeiwert aus Bild 3.19 und für 30% Eigengegendruck (Faltenbalgausführung) aus Bild 3.20 entnommen werden.

3.4.2.1 Berechnungsbeispiel

Beispiel 3.10
Medium: Luft
Temperatur: 50 °C
Massenstrom: 50 000 kg/h
Ansprechdruck *abs*: 40 bar
Gegendruck hinter der Ausblaseleitung p_u: Atmosphäre
Isentropenexponent k: 1,4

Länge der Austrittsleitung L_A: 7,5 m
Durchmesser der Austrittsleitung: 150 mm

gewähltes Sicherheitsventil
Si 6302 DN 80 × 150;
$d_0 = 63$ mm, $\alpha_w = 0{,}78$
ohne Faltenbalg

gesucht:
Eigengegendruck p_{ae} im Ventilaustritt

Rechnung:

$$\frac{p^*}{p} = 0{,}528 \cdot \frac{1{,}1 \cdot 0{,}78 \cdot 63^2}{150^2} = 0{,}08$$

d. h. $p^* = 0{,}08 \cdot 40 = 3{,}2$ bar *abs*

Die Ausblaseleitung hat einen Widerstandsbeiwert

$$\zeta_A = \lambda \cdot \frac{L_A}{d_A} = 0{,}02 \cdot \frac{7500}{150} = 1{,}0$$

Aus dem Diagramm erhält man für $k = 1{,}4$ und $\xi_A = 1{,}0$

$$\frac{p_{ae}}{p^*} = 2{,}1$$

daraus folgt als absoluter Druck im Ventilaustritt

$p_{ae} = 2{,}1 \cdot 3{,}2 = 6{,}72$ bar abs

der Eigengegendruck $p_{ae} - p_u$ bezogen auf den Ansprechüberdruck $p - p_u$

$$\frac{p_{ae} - p_u}{p - p_u} = \frac{6{,}72 - 1}{40 - 1} = 0{,}147 \text{ oder } 14{,}7\%$$

Dieser Beitrag ist kleiner als der zulässige Eigengegendruck für Federsicherheitsventile ohne Faltenbalg von 15%.

3.5 Druckstoß in der Zuleitung

Bei schnellem Öffnen des Sicherheitsventils mit langer Zuführungsleitung sinkt der Druck im Ventileintritt entsprechend der Strömungsgeschwindigkeit w (m/s), auf die das Medium im Ventileintritt entsprechend dem Öffnungsgrad des Ventils beschleunigt wird.

Dieser Druckeinbruch beträgt für Flüssigkeiten nach der Druckstoßbeziehung von Joukowski:

$$\Delta p_{\text{Jouk}} = a \cdot w \cdot \varrho \cdot 10^{-5} \text{ (in bar).} \qquad \text{(Gl. 3.62)}$$

a Schallgeschwindigkeit (m/s)
ϱ Dichte (kg/m³)
w Geschwindigkeit (m/s)

Wendet man diese Formel auch für gasförmige Medien an, so ist der Fehler relativ klein, solange der Einfluß der Kompressibilität gering ist, was bedeutet, solange die Mach-Zahl in der Zuführungsleitung kleiner als 0,3 ist. Diese Bedingung für die Mach-Zahl kann als erfüllt betrachtet werden, wenn bei den hier betrachteten längeren Leitungen das Kriterium Druckverlust < 3% eingehalten worden ist!

Bei Vollhub- und Normal-Federsicherheitsventilen für Gase und Dämpfe mit einer Schließdruckdifferenz von 10% wird davon ausgegangen, daß ein momentaner Druckeinbruch mit dem Spitzenwert von 20% aus Gründen der Massenträgheit keine Umkehr der Hubbewegung bewirkt, so daß eine Schwingungsanregung bis hin zum Flattern nicht ausgelöst wird.

Der maximale Druckeinbruch nach Gleichung 3.62 bei voll geöffnetem Ventil kommt nur dann zum Tragen, wenn die doppelte Wellenlaufzeit mindestens gleich der Öffnungszeit des Ventils ist. Denn die am Ventileintritt wieder eintreffende vom Leitungsende am Behälter reflektierte Druckwelle vergrößert den Ruhedruck im Ventileintritt, verringert also den Druckeinbruch.

Ist die doppelte Wellenlaufzeit kleiner als die Öffnungszeit des Ventils, erreicht die reflektierte Druckwelle den Ventileintritt bei teilgeöffnetem Ventil, und der Druckeinbruch beträgt einen dem Öffnungsgrad des Ventils entsprechenden Anteil des maximalen Druckstoßes nach Joukowski.

Somit erhält man mit der Linearisierung zwischen Öffnung des Ventils und Geschwindigkeit im Eintritt das **Druckstoßkriterium für Federsicherheitsventile:**

$$\frac{\Delta p_{\text{Jouk}}}{p - p_a} \cdot \frac{2 \cdot T_w}{T_\ddot{o}} < 0{,}2 \quad \text{für Gase/Dämpfe,}$$
$$\text{(Gl. 3.63)}$$

das aussagt, daß der Einfluß der Druckstöße, die durch das schnelle Öffnen des Sicherheitsventils in der langen Zuführungsleitung hervorgerufen wird, die Funktion des Sicherheitsventils nicht gefährdet.

Wichtig:
Für $T_w/T_\ddot{o} > 0{,}5$ ist der max. Druckeinbruch Δp_{Jouk} nicht ein momentaner Spitzenwert, sondern mit zunehmendem Verhältnis $T_w/T_\ddot{o}$ vergrößert sich die Zeitspanne, in der der Druckeinbruch vor dem Ventil ansteht und die Funktion beeinflussen kann.

3.5.1 Druckstoßvorgänge in langen Zuleitungen

Nicht nur unzulässig hoher Druckverlust in der Zuführungsleitung kann das Flattern eines Federsicherheitsventils verursachen, sondern auch unzulässige «Druckstoßvorgänge» in der Zuführungsleitung.

Durch das schnelle Öffnen des Sicherheitsventils wird die Strömung in einer langen Zustromleitung gestartet: Die Beschleunigung des Mediums beginnt am Ventil und pflanzt sich mit nahezu Schallgeschwindigkeit in die Leitung fort, indem eine Verdünnungswelle («Saugwelle») die Leitung zum offenen Ende am Behälter hin durchläuft. Dort wird die Verdünnungswelle als Druckwelle reflektiert und trifft nach der doppelten Wellenlaufzeit $2 \cdot l_E/a$ am Ventil wieder ein. Bis zum Eintreffen der reflektierten Druckwelle sinkt der Ruhedruck im Ventileintritt entsprechend der Strömungsgeschwindigkeit, auf die das Medium im Ventileintritt beschleunigt wird. Die im weiteren Verlauf hin- und herlaufenden Saug- und Druckwellen haben Ruhedruckänderungen im Ventileintritt zur Folge, die den Ventilteller zu Schwingungen anregen können. Wenn der Ventilteller erst einmal mit einer schwingenden Bewegung beginnt, so entstehen durch die Durchflußschwankungen Wechselwirkungen auf die Druckstoßvorgänge, die die Tellerschwingungen verstärken und schnell zum gefürchteten Flattern aufschaukeln.

Eine genauere Beurteilung der Auswirkungen der Druckstoßvorgänge in der Zuführrungsleitung auf die Funktion des Sicherheitsventils erfordert eine Betrachtung der Strömungsvorgänge in Kopplung des schwingungsfähigen Feder-Masse-Systems des Ventils. Man muß die jeweils vorliegenden Gegebenheiten (Betriebsbedingungen, Rohrleitung und Sicherheitsventil) in einer Simulationsrechnung abbilden.

Hier soll nun ein vereinfachtes Verfahren angegeben werden, mit dem beurteilt werden soll, ob es zu einer Schwingungsanregung des Ventiltellers kommen kann, oder ob die kritische Phase des Öffnungsvorganges einigermaßen stabil überstanden wird und die Druckstoßvorgänge dann ohne Anregung des Ventiltellers abklingen können.

Bei Federsicherheitsventilen für Flüssigkeiten mit einer Schließdruckdifferenz von 20% wird davon ausgegangen, daß ein momentaner Druckeinbruch mit dem Spitzenwert von 40% keine Umkehr der Hubbewegung bewirkt, so daß eine Schwingungsanregung bis hin zum Flattern nicht ausgelöst wird. Daraus folgt analog das Druckstoßkriterium für Federsicherheitsventile

$$\frac{\Delta p_{\text{Jouk}}}{p - p_\text{a}} \cdot \frac{2 \cdot T_\text{w}}{T_\text{ö}} < 0{,}4 \text{ für Flüssigkeiten} \quad \text{(Gl. 3.64)}$$

Die in den Gleichungen verwendeten Formelzeichen bedeuten:

a Schallgeschwindigkeit in (m/s)

(Anmerkung: Für Flüssigkeiten ist die Wellenausbreitungsgeschwindigkeit durch die Elastizität «dünner» Rohrwände ca. 10% bis 20% kleiner als die Schallgeschwindigkeit, kann aber auch genau berechnet werden.)

mit:
w Geschwindigkeit in der Eintrittsleitung vor dem Ventil in (m/s)
ϱ Dichte des Mediums in (kg/m³) für Druck p
p absoluter Druck im Druckraum (Ansprechdruck) in (bar)
p_a absoluter Gegendruck in (bar)
T_w $\frac{L}{a}$ = 1-fache Wellenlaufzeit in (ms)
L Länge der Zuführungsleitung in (m)

$T_\text{ö}$ $\frac{ZF}{\sqrt{p - p_\text{a}}}$ = Öffnungszeit in (ms)

ZF Zeitfaktor in [ms · $\sqrt{\text{bar}}$] abhängig von Nennweite und Bauart des Sicherheitsventils.

Die Auflösung der Gleichung für **Gase/Dämpfe** nach der zulässigen Leitungslänge ergibt

$$L_\text{zul.} < \frac{0{,}0224}{\psi} \cdot \frac{A_\text{E}}{1{,}1 \cdot \alpha_\text{w} \cdot A_0} \cdot ZF \cdot \frac{1}{\sqrt{\varrho}} \cdot \sqrt{1 - \frac{p_\text{a}}{p}} \quad \text{(Gl. 3.65)}$$

mit: ψ Ausflußfunktion abhängig von $\frac{p_\text{a}}{p}$
A_E Querschnitt der Zuführungsleitung
A_0 engster nomineller Strömungsquerschnitt des Ventils

Die Auflösung der Gleichung für **Flüssigkeiten** nach der zulässigen Leitungslänge ergibt

$$L_\text{zul.} < 0{,}045 \cdot \frac{A_\text{E}}{1{,}1 \cdot \alpha_\text{w} \cdot A_0} \cdot \frac{ZF}{\sqrt{\varrho}} \quad \text{(Gl. 3.66)}$$

Auf diese Weise kann schnell überprüft werden, ob die Länge der Zuführungsleitung für Gase/Dämpfe oder für Flüssigkeiten größer ist als die ermittelte zulässige Leitungslänge $L_\text{zul.}$. Größere Leitungslängen gefährden die Funktion des Sicherheitsventils, indem ein Aufschwingen mit der Folge des Flatterns entstehen kann.

Maßnahmen, die getroffen werden können, um diese Gefährdung zu vermeiden, sind

❑ Verkürzung der ausgeführten Leitungslänge,
❑ Vergrößerung des Querschnitts A_E,
❑ Vermeidung von zu großer Überdimensionierung durch Leistungsanpassung mittels Hubbegrenzung, d.h. entsprechende Verringerung des a_w-Wertes in den Gleichungen,
❑ Einsatz eines Schwingungsdämpfers.

Für Hochdruck-Sicherheitsventile bewegt sich der Zeitfaktor des Ventils bei $ZF = 180$ bis 220 ms $\cdot \sqrt{\text{bar}}$. Bei einem Ansprechdruck von 100 bar ist die Öffnungszeit dann ca. 20 ms.

3.5.2 Berechnungsbeispiel

Beispiel 3.11:
Luft mit 100 bar und einem Sicherheitsventil DN 80 × 125, $d_0 = 50$ mm; Si 6305 (s. Tabelle zum Beispiel):

$$L_{zul.} < \frac{0{,}0224}{0{,}484} \cdot 2{,}98 \cdot 218 \cdot \frac{1}{\sqrt{120}} = 2{,}7 \text{ m}$$

oder **für Wasser mit 100 bar** und Sicherheitsventil DN 80 × 126 mm, $d_0 = 50$ mm, Si 6305:

$$L_{zul.} < 0{,}045 \cdot 6{,}5 \cdot \frac{119}{\sqrt{1000}} = 1{,}1 \text{ m}$$

Für dieses Beispiel ergibt die Probe auf zul. Widerstandsbeiwert für Druckverlust gleich 3%:

Beispiel Luft:

$$\zeta_{zul.} = 1{,}2 \text{ für } \frac{A_E}{1{,}1 \cdot \alpha_w \cdot A_0} = 2{,}98$$

gerades Rohrstück:

$$\zeta = \lambda \cdot \frac{l}{D} = 0{,}02 \cdot \frac{2700}{80} = 0{,}675$$

+ Einlaufwiderstand $\zeta_E = 0{,}5$
ergibt die Summe $\zeta_{ges.} = 1{,}175$

D.h., bei der Leitungslänge von 2,7 m ist gerade auch die Grenze für den zul. Druckverlust von 3% erreicht.

Beispiel Wasser:

$$\zeta_{zul.} = 1{,}3 \text{ für } \frac{A_E}{1{,}1 \cdot \alpha_w \cdot A_0} = 6{,}5 \text{ mit } \alpha_w = 0{,}36$$

gerades Rohrstück 3,2 m:

$$\lambda = 0{,}02 \cdot \frac{3200}{80} = 0{,}8$$

+ Einlaufwiderstand $\zeta_E = 0{,}5$
ergibt die Summe $\zeta_{ges.} = 1{,}175$

D.h., in diesem Beispiel ergibt die Bedingung Druckverlust < 3% eine zulässige Leitungslänge von 3,2 m, dagegen fordert das Druckstoßkriterium Leitungslänge < 1,1 m!
Eine Überprüfung der Leitungslänge auf das Druckstoßkriterium ist also bei «längerer» Zuführungsleitung unabhängig vom Druckverlustkriterium durchzuführen, insbesondere für Flüssigkeiten.

Tabelle zum Beispiel 3.11

d_0 (mm)	Zeitfaktor ZF (ms * $\sqrt{\text{bar}}$)							
	Flüssigkeiten mit ($\alpha_w = 0{,}36$)				Gase/Dämpfe			
	Si 6305	Si 6304	Si 6303	Si 6301/02	Si 6305	Si 6304	Si 6303	Si 6301/02
12			38	30				
16	92	52	41	33	170	89	70	60
20	99	56	45	35	183	98	76	65
25	109	61	49	39	200	110	82	73
32	115	69	54	44	213	125	91	81
40	120	76	61	49	220	141	102	93
50	119	84	67	56	218	154	116	105
63	116	89	74	63	212	163	131	118
77	115	93	81	69	210	172	141	127
93	113	98	85	74	207	180	151	136
110	113	101	87	79	208	186	160	144
125	114	103	89	82	211	193	168	150
155					216	203	180	160
180					221	211	187	
220					228		198	
255					235		207	
280					240		211	

3.6 Reaktionskraft beim Ausströmen

3.6.1 Stationäre Kräfte

Reaktionskraft in der Eintrittsachse

Senkrecht nach oben wirken die Druckkraft $p_e \cdot A_e$ und die Strömungskraft $q_m \cdot w_e$ (Dies ist leicht einzusehen, wenn man sich vorstellt, das Fluid würde im Eintritt auf die Strömungsgeschwindigkeit 0 verzögert. Die wirklichen inneren Vorgänge, wie z.B. die Beschleunigung des Fluids am Ventilsitz, verursachen keine äußeren Kräfte, da sie innerhalb des Kontrollraums stattfinden).

Somit gilt: $F_e = p_e \cdot A_e + q_m \cdot w_e$

Reaktionskraft in der Austrittsachse

Die Druckkraft $p_a \cdot A_a$ und die Strömungskraft $q_m \cdot w_a$ wirken nach links (man muß sich vorstellen, das Fluid würde im Austritt von 0 auf w_a beschleunigt), also

$$F_a = p_a \cdot A_a + q_m \cdot w_a$$

Beim Abblasen eines Sicherheitsventils entstehen somit (s. Bild 3.21) Reaktionskräfte, die vom Ventil selbst, den angeschlossenen Leitungen und den Festpunkten aufgenommen werden müssen. Die Größe der Reaktionskraft ist vor allem für die Auslegung der Festpunkte von Bedeutung.

Es ist dabei zu beachten, daß keine statischen, dynamischen oder thermischen Beanspruchungen aus den zu- und abführenden Rohrleitungen auf das Sicherheitsventil übertragen werden.

Die Richtung der Reaktionskraft ist der Ausströmrichtung des Mediums entgegengerichtet.

Die Rohrleitungen zur Massenstromabführung und ihre Halterungen müssen alle auftretenden Druck-, Beschleunigungs- und Impulskräfte sowie deren Biegemomente auch noch bis zu einem drohenden Behälterbruch ohne Abknicken und damit verbundener Massenstromdrosselung zuverlässig aufnehmen können.

Die Reaktionskraft, die im Ausblasequerschnitt eines Sicherheitsventils entsteht, setzt sich zusammen aus der Impulskraft «Rückstoß» des austretenden Stoffes und dem Überdruck im Ausblasequerschnitt gegenüber dem Umgebungsdruck. Beim Abblasen in die Atmosphäre ist der Umgebungsdruck 1 bar, er kann aber beim Abblasen in geschlossene Systeme, z.B. Niederdruckleitungen, höher sein.

$$F = q_m \cdot w_a + (p_n - p_a) \cdot A_a \; (\text{N}) \qquad (\text{Gl. 3.67})$$

Hierin sind:
- q_m Massenstrom kg/s, auch «Ausblaseleistung» des Ventils genannt
- w_a Geschwindigkeit im Ausblasequerschnitt m/s
- p_n Absolutdruck im Ausblasequerschnitt N/m²
- p_a Umgebungsdruck N/m²
- A_a Ausblasequerschnitt m²

Die so berechnete Kraft tritt am Ausblasequerschnitt auf, darüber hinaus entstehen im Ventilkörper und den anschließenden Rohrleitungen Reaktionskräfte durch Beschleunigung und Umlenkung des Ausblasestroms. Beim schlagartigen Öffnen, zum Beispiel von Vollhubsicherheitsventilen, ist außerdem mit erheblichen Massenkräften zu rechnen. Besondere Beachtung verdienen die durch die Reaktionskräfte entstehenden Biegemomente.

Die Gesamtkraft F an einer Ausblasemündung mit dem Strömungsquerschnitt A_a be-

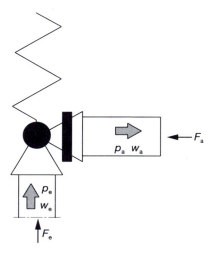

Bild 3.21 Sicherheitsventil mit Ausblasestutzen

54 Sicherheitsventile

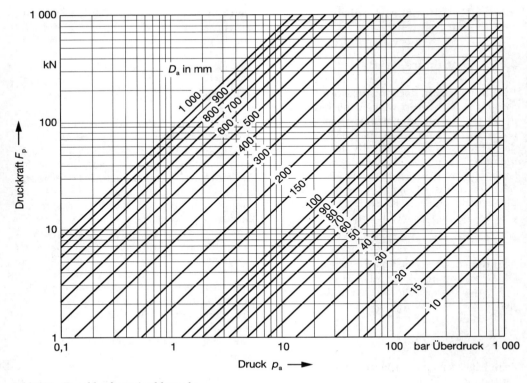

Bild 3.22 Druckkraft am Ausblasende

steht aus der Druckkraft $F_p = p_a \cdot A_a$ und aus der Strömungskraft $F_s = q_m \cdot w_a$.

Mit Hilfe der Bilder 3.22 und 3.23 können die Druck- und Strömungskräfte graphisch ermittelt werden.

Um die Berechnung der Geschwindigkeit zu umgehen, kann die Strömungs-Reaktionskraft F_R aus den Ventildaten ermittelt werden zu (Bild 3.24):

Für Flüssigkeiten:

$$F_R = \frac{\pi}{20} \cdot \alpha^2 \cdot \frac{d_0^4}{d_n^2} \cdot (p_0 - p_u) \quad \text{(Gl. 3.68)}$$

Für Dämpfe und Gase:

$$p_n = p_0 \cdot \frac{2 \cdot \psi \cdot \alpha}{\sqrt{k \cdot (k+1)}} \cdot \left(\frac{d_0}{d_n}\right)^2 \quad \text{(Gl. 3.69)}$$

für $p_n > p_u$ gilt:

$$F_R = \frac{\pi}{40} \cdot \left(\psi \cdot \alpha \cdot d_0^2 \cdot p_0 \cdot \left(\sqrt{2 \cdot k} + \sqrt{\frac{2}{k}}\right) - d_n^2 \cdot p_u\right) \quad \text{(Gl. 3.70)}$$

für von $p_n > p_u$ abweichende Verhältnisse gilt:

$$F_R = \frac{\pi}{20} \cdot \psi^2 \cdot \alpha^2 \cdot \frac{d_0^4}{d_n^2} \cdot p_0^2 \quad \text{(Gl. 3.71)}$$

Wenn nicht in die Umgebung mit dem Umgebungsdruck p_u abgeblasen wird, wird der Umgebungsdruck p_u durch den Fremdgegendruck p_{af} in den obigen Formeln ersetzt.

d_0 engster Strömungsdurchmesser mm
d_n Innendurchmesser der Ausblaseleitung mm

Reaktionskraft beim Ausströmen 55

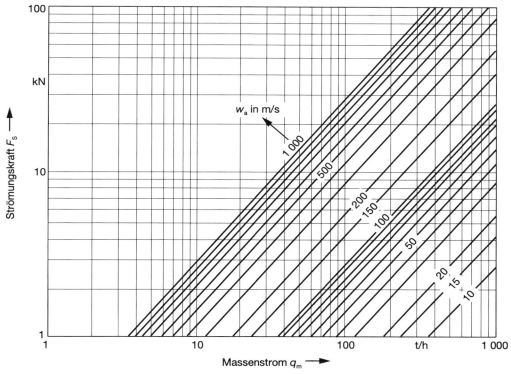

Bild 3.23 Strömungskraft am Ausblasende

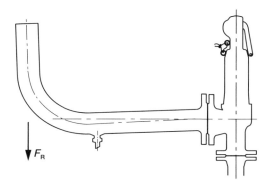

Bild 3.24 Strömungs-Reaktionskraft

F_R	Reaktionskraft	N
k	Isentropenexponent	–
p	Ansprechdruck als Überdruck	bar/bar g
p_0	absoluter Öffnungsdruck	
	$= p \cdot 1{,}1 + p_u$	bar
p_{af}	absoluter Gegendruck	bar
p_n	absoluter Druck in der Ausblaseöffnung	bar
p_u	absoluter Umgebungsdruck	bar
α	Ausflußziffer	–
α_w	$= \alpha \cdot 0{,}9$ zuerkannte Ausflußziffer	–
ψ	Ausflußfunktion	–

Das tatsächliche Abblasen mag durchaus nicht isotherm verlaufen, was die Berechnungsergebnisse nur unwesentlich verändert. Bei Abkühlung ist einer Leitungsschrumpfung bzw. einer Werkstoffversprödung Rechnung zu tragen. Bei Erwärmung der Rohrleitung muß ihre Ausdehnung ohne unzulässige Spannungen auf Armaturengehäuse, Rohrleitungskrümmer und in der Leitungswand erfolgen können.

Z.B. werden sich Druckgasleitungen auf die zum Umgebunsruck p_u gehörige Siedetemperatur abkühlen. Ideale Gase beziehen ihre Beschleunigungsenergie aus der Gasabkühlung bis auf:

$$\frac{T_n}{T} \approx \frac{2}{k+1} \qquad (\text{Gl. 3.72})$$

bei Erreichen der Schallgeschwindigkeit im Austritt mit D_n.

Bei Entspannung heißer Flüssigkeiten ist eine Erwärmung auf Behältertemperaturen zu berücksichtigen.

Aus den errechneten Reaktionskräften erhält man die Knick- und/oder Biegebeanspruchungen der Rohrleitungen, die mit den elementaren Grundlagen der Mechanik ermittelt werden können.

3.6.2 Instationäre Kräfte

Instationäre Kräfte sind hauptsächlich von der Öffnungs- bzw. Schließgeschwindigkeit des Sicherheitsventils, d.h. von der Stellzeit abhängig (veränderlicher Ausfluß q_m). Stellzeiten sind meist eine Funktion der Druckänderungsgeschwindigkeit im abzusichernden System.

Infolge von kurzen Stellzeiten oder strömungstechnisch ungünstigen Verhältnissen können Druckwellen entstehen oder sogar periodische Druckänderungen (Pulsationen) angeregt werden, die mit erheblicher Beanspruchung der Anlage einhergehen. Wegen der Kompliziertheit dieser Vorgänge kann keine einfache Berechnungsmethode angegeben werden.

Wesentlich einfacher sind stetige Öffnungs- oder Schließvorgänge mit annähernd konstanter Stellgeschwindigkeit zu berechnen. Das Verhältnis der instationären Kräfte zu den stationären Kräften nach Abschnitt 3.6.1 ist abhängig von Produkt Stellzeit t und Eigenfrequenz f des die Strömungskräfte abfangenden Systems (Bild 3.25 für Factor C).

Die Eigenfrequenz ist:

$$f = 16 \text{ Hz}/\sqrt{y} \qquad (\text{Gl. 3.73})$$

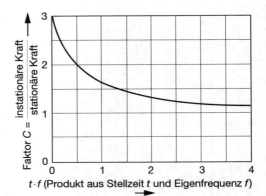

Bild 3.25   Faktor für die instationäre Kräfte

(y in mm ist die Auslenkung der Ausblaseöffnung unter der Wirkung der nach Abschnitt 3.6.1 berechneten Kraftänderung).

Dies ist die Näherungsformel ohne Berücksichtigung des Masseneinflusses.

Beispiel: Bei einem Sicherheitsventil mit Standrohr beträgt die Stellzeit $t = 0{,}2$ s. Die Auslenkung des Standrohres unter der Belastung von $F_a = 2000$ N, $y = 4$ mm. Die Eigenfrequenz ist dann:

$$f = \frac{16 \text{ Hz}}{\sqrt{4}} = 8 \text{ Hz}$$

Für das Produkt $t \cdot f = 1{,}6$ ergibt das Diagramm einen Faktor $C = 1{,}4$, d.h., die instationäre Belastung ist

$$F = C \cdot F_a = 1{,}4 \cdot 2000 \text{ N} = 2800 \text{ N}.$$

In dieser Berechnung sind jedoch 2 Einflüsse noch nicht berücksichtigt:

a) Im stationären Fall wird der in das Standrohr gerichtete Freistrahl auf eine Horizontalgeschwindigkeit nahezu 0 abgebremst. Die Beschleunigungs- und Verzögerungskräfte heben sich auf. Nimmt aber z.B. der Massenstrom schnell zu (schnelles Öffnen des Sicherheitsventils), dann ist infolge der Laufzeit die Beschleunigungskraft größer als die gleichzeitige Verzögerungskraft.

b) In der Austrittsleitung liegende Strömungswiderstände wie z.B. ein Schalldämpfer verursachen den sog. Eigengegendruck.

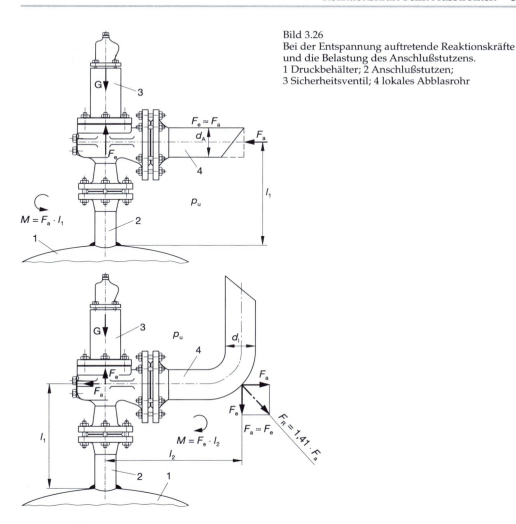

Bild 3.26
Bei der Entspannung auftretende Reaktionskräfte und die Belastung des Anschlußstutzens.
1 Druckbehälter; 2 Anschlußstutzen;
3 Sicherheitsventil; 4 lokales Abblasrohr

3.6.3 Biegemomente bei Sicherheitsventilen

Das vorhandene Biegemoment ergibt sich aus der Summe von Reaktions-, Gewichts- und Temperatureinflüssen.

Aus Bild 3.26 können die entsprechenden Gleichungen und Abhängigkeiten entnommen werden.

3.6.3.1 Berechnungsbeispiele

Beispiel 3.12:
Sicherheitsventil mit Ausblasestutzen (Bild 3.21)

$q_m = 36\,000$ kg/h $= 10$ kg/s,
$p_a = 0{,}5$ bar $= 50\,000$ N/m^2
$A_a = 0{,}02$ m^2, $w_a = 400$ m/s
$F_a = p_a \cdot A_a + q_m \cdot w_a$
  $= 50\,999$ N/m$^2 \cdot 0{,}02$ m$^2 + 10$ kg/s $\cdot 400$ m/s
  $= 1000$ N $+ 4000$ N $= 5000$ N

Diese Kräfte müssen über die Rohrwandungen und mit Stützpunkten aufgefangen werden. Theoretisch könnten in diesem Beispiel die Kräfte F_e und F_a zu einer resultierenden Gesamtkraft zusammengefaßt werden (Parallelogramm der Kräfte).

58 Sicherheitsventile

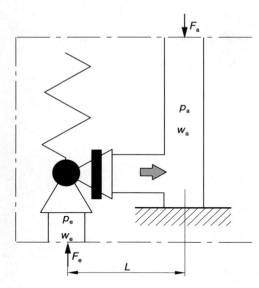

Bild 3.27 Sicherheitsventil mit Standrohr

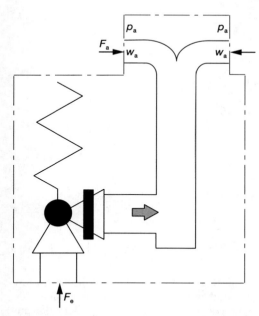

Bild 3.28 Sicherheitsventil mit rotationssymmetrischer Ausblaseöffnung

Da sich die Richtung der Resultierenden mit den Betriebsverhältnissen ändert, ist es jedoch besser, die Kräfte F_e und F_a getrennt aufzufangen.

Beispiel 3.13:
Sicherheitsventil mit Standrohr (Bild 3.27)
Austrittsfläche $A_a = 0{,}4$ m², Mündungsüberdruck $p_a = 0$ bar, Austrittsgeschwindigkeit $w_a = 200$ m/s, sonstige Daten wie Beispiel 3.12:

$$F_a = p_a \cdot A_a + q_m \cdot w_a$$
$$= 0 \text{ N/m}^2 \cdot 0{,}4 \text{ m}^2 + 10 \text{ kg/s} \cdot 200 \text{ m/s}$$
$$= 2000 \text{ N}$$

Die Kraft F_a ergibt – bezogen auf die Eintrittsachse – ein rechtsdrehendes Moment $M_a = F_a \cdot L$.

Beispiel 3.14: (Bild 3.28)
Sicherheitsventil mit rotationssymmetrischer Ausblasöffnung. Eintrittsdaten, wie in Beispiel 3.12:
Bei rotationssymmetrischer Abströmung heben sich die zum Zentrum gerichteten Kräfte F_a gegenseitig auf (dies gilt ebenso für z.B. 2 gegenüberliegende Ausblaseöffnungen oder für einen mit radialen Bohrungen versehenen Korb).

3.7 Lärmbelastung

3.7.1 Geräuschursachen

Ventilgeräusche
Bei Gasen und Dämpfen ist der Entspannungsvorgang die wesentliche Geräuschursache: Die Geräusche entstehen in der Mischungszone hinter dem engsten Strömungsquerschnitt des Ventils. Bei Flüssigkeiten ist Kavitation die wichtigste Geräuschursache.

Strömungsgeräusche
Die turbulente Strömung von Gasen und Dämpfen in Rohrleitungen kann bei hoher Strömungsgeschwindigkeit eine beachtliche Schallemission verursachen. Hohe Strömungsgeschwindigkeit von Flüssigkeiten kann Kavitation hervorrufen.

Ausblasegeräusche
Das eigentliche Ausblasegeräusch entsteht bei ausströmenden Gasen und Dämpfen in der

Mischungszone mit der umgebenden Luft. Aber auch die Ventil- und Strömungsgeräusche können über die Ausblaseöffnung ins Freie austreten. Je nach Strömungsgeschwindigkeit überwiegt eine dieser Geräuschursachen.

3.7.2 Schallpegel

Schalldruckpegel
Die Schallwechseldrücke (Effektivwerte) an einem Meßpunkt M (Mikrofon oder Ohr), bezogen auf den Basiswert 20 µN/m² und logarithmiert, ergeben den Schalldruckpegel als Maß für die Schallintensität.

Schalleistungspegel
Die Schalleistung einer Schallquelle, bezogen auf 10^{-12} Watt und umgerechnet in das logarithmische Maß Dezibel (dB), kennzeichnet die gesamte Schallemission einer Schallquelle.

A-Bewertung
Eine Methode zur Umwandlung von linearen Schallpegeln (dB) in A-bewertete Schallpegel dB (A) zur Angleichung an die Eigenschaften des menschlichen Ohres.

Innenpegel
A-Schalldruckpegel L_A; oder Schalleistungspegel L_{wi} im Innern eines Ventiles oder einer Rohrleitung.

Außenpegel
A-Schalldruckpegel L an einem Punkt der Meßfläche (Umgebung) oder Schalleistungspegel L_w als Maß für die durch die Meßfläche hindurchgehende Schalleistung.

3.7.3 Schallausbreitung

Ventil- und Strömungsgeräusche sind zuerst Druckschwingungen im Medium (Innenpegel). Die Begrenzungswände werden von den Druckschwingungen zum Schwingen gebracht und strahlen damit Schall an die Umgebungsluft ab.

Bei Ausblaseöffnungen kann die im Rohrinneren bereits vorhandene Schalleistung nahezu ungedämpft ins Freie austreten. In der näheren Umgebung von Schallquellen kann man von konstanter Schalleistung ausgehen, womit sich für die Berechnung der Schalldruckpegel für verschiedene Abstände (Radien) von der Schallquelle recht einfache Gleichungen ergeben. Sind mehrere Schallquellen vorhanden, dann müssen die Pegelanteile zu einem Gesamtpegel zusammengefaßt werden.

3.7.4 Berechnung

Bei der Beurteilung der «Lautstärke» (charakterisiert durch den Schalleistungspegel) eines Sicherheitsventils sind nur die physikalischen Größen (Massenstrom, Temperatur usw.) bei der Anwendung der für den Schalleistungspegel zugrunde zu legenden Formel ausschlaggebend. Ventilspezifische Gegebenheiten, z.B. Form- bzw. Ausblasegeometrie des Sicherheitsventils, bleiben derzeit unberücksichtigt.

Eine Möglichkeit zur Abschätzung des Schalleistungspegels von Sicherheitsventilen bieten z.B. die VDMA-Richtlinie 24422, die VDI-Richtlinie 2713, DIN EN 60534 Teil 8-4 sowie eine Reihe von empirisch ermittelten Formeln.

3.7.4.1 Vereinfachte Berechnung nach VDI 2713

$$L_w = 17 \cdot \lg\left(\frac{q_m}{1000}\right) + 50 \lg T - 15 \quad \text{(Gl. 3.74)}$$

L_w Schalleistungspegel [dB (A)]
q'_m max. Massenstrom Dampf [kg/h]
T Temperatur [K]

Der entfernungsabhängige Schalldruckpegel läßt sich wie folgt berechnen:

$$L_A \quad L_w - [10 \cdot \lg A] \quad \text{(Gl. 3.75)}$$

L_A Schalldruckpegel in r Meter Abstand [dB (A)]
A Oberfläche der «gedachten Halbkugel» mit dem Radius r [m] als Meßabstand von der Schallquelle [m²]

3.7.4.2 Berechnung nach VDMA 24 422

Schalldruckpegel (außen) in 1 m Abstand von der Rohrleitung ohne Berücksichtigung von eventuellen Ausblasegeräuschen

❑ Ventilgeräusche

$L_{A1} = 14 \cdot \lg K_v + 18 \cdot \lg p_1 + 5 \cdot \lg T_1$ (Gl. 3.76)
$\quad - 5 \lg \varrho_n + 20 \cdot \lg \lg (p_1/p_2)$
$\quad + 52 \text{ dB (A)} + \Delta L_G \text{ in dB (A)}$

jedoch:
$L_{A1} \leq 70 \text{ dB (A)} + 20 \cdot \lg (p_2 \cdot D_a) \text{ in dB (A)}$
(Gl. 3.77)

K_v Durchflußkenngröße nach VDI/VDE 2173 in m³/h ($K_v = 0{,}0509 \cdot \alpha \cdot A_0$)
p_1 Absolutdruck vor der Armatur in bar ($= p_e$)
p_2 Absolutdruck hinter der Armatur in bar ($= p_a$)
T_1 Temperatur des Mediums vor der Armatur in K
ϱ_n Normdichte des Mediums in kg/m³ (bei Wasserdampf $\varrho_n \approx 0{,}8$)
ΔL_G Ventilspezifisches Korrekturglied in dB (A)
D_a Rohrinnendurchmesser (Austritt) in mm

❑ Strömungsgeräusche

$L_{A2} = 10 \cdot \lg q_m + 20 \cdot \lg w - 4 \text{ dB (A)} \text{ in dB (A)}$
(Gl. 3.78)

q_m Massenstrom in kg/h
w Strömungsgeschwindigkeit in m/s in der Rohrleitung.

❑ Wanddickenkorrektur

$\Delta R_m = 10 \cdot \lg (S_{40}/S) \text{ in dB (A)}$ (Gl. 3.79)
(Additionsglied nach VDMA 24 422)

S_{40} Rohrwanddicke von Rohren der Druckstufe PN 40 in mm
S Rohrwanddicke in mm

Schalleistungspegel (innen) für Ventil- und Strömungsgeräusche

$L_{wi} = L_{A3} + 49 \text{ dB (A)}$ (Gl. 3.80)
($L_{A3} =$ Größtwert von L_{A1} und L_{A2})

Schalleistungspegel (außen)

❑ Ventil- und Strömungsgeräusche, die von Begrenzungswänden abgestrahlt werden
$L_{w1} = L_{A3} + \Delta R_m + 10 \cdot \lg A$ (Gl. 3.81)

L_{A3} Größtwert von L_{A1} und L_{A2} dB (A)
A Meßfläche (in 1 m Abstand) m²

❑ Ausblasöffnungen ohne Schalldämpfer, Ventil- und Strömungsgeräusche, die aus Ausblasöffnungen austreten:

$L_{w2} \approx L_{wi}$ (Gl. 3.82)

Ausblasgeräusche vom Gas- oder Dampf-Freistrahl:

$L_{w3} = 10 \cdot \lg q_m + 60 \cdot \lg w_a$ (Gl. 3.83)
$\quad + 10 \cdot \lg (p_a/p_u) - 59 \text{ dB (A)}$

p_a Mündungsdruck in bar
p_u Umgebungsdruck in bar

❑ Ausblasöffnungen mit Schalldämpfer
$L_{w4} = L_{wi} - \Delta L$ (Gl. 3.84)
($\Delta L =$ Einfügungsdämmung des Schalldämpfers)

Schalldruckpegel (außen) im Abstand R von der Schallquelle

❑ Ventil- und Strömungsgeräusche, die von Begrenzungswänden abgestrahlt werden
$L_{A4} = L_{A3} + \Delta R_m$ (Gl. 3.85)
$\quad - 10 \cdot \lg [r/(1 \text{ m} + 0{,}5 \cdot D_a)]$

L_{A3} Größtwert von L_{A1} und L_{A2} dB (A)
r Abstand von Mitte Rohr bis Mikrofon in m
D_a Außendurchmesser der Rohrleitung in m

❑ Ausblasgeräusche
1) Schallquellen ohne Richtwirkung (Punktschallquellen):
$L_{A5} = L_{wi} - 31 \text{ dB (A)} - 20 \cdot \lg [r/10 \text{ m}]$
(Gl. 3.86)

2) Ventil- und Strömungsgeräusche, die aus Ausblasöffnungen austreten:
$L_{A6} = [L_{w2} - 100 \text{ dB (A)}]$ (Gl. 3.87)
$\quad + L_{p2} - 20 \cdot \lg [r/10 \text{ m}]$

3) Gas- oder Dampf-Freistrahlen:
$L_{A7} = [L_{w3} - 100 \text{ dB (A)}]$ (Gl. 3.88)
$\quad + L_{p1} - 20 \cdot \lg [r/10 \text{ m}]$

L_{wi}, L_{w2}, L_{w3} Schalleistungspegel in dB (A)
L_{p1}, L_{p2} Schalldruckpegel nach Bild 3.29
r Abstand von Schallquelle bis Mikrofon in m

Lärmbelästigung 61

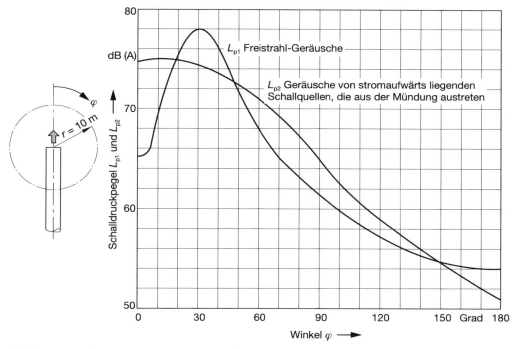

Bild 3.29 Schalldruckpegel im Abstand und im Winkel vom Ausblas

Zusammenfassung von Schallpegeln

❏ Gesamt-Schalleistungspegel
$L_w = 10 \cdot \lg(10^{L_{w1}/10} + 10^{L_{w2}/10} + \ldots)$ (Gl. 3.89)
L_{w1}, L_{w2} Schalleistungspegel der verschiedenen Schallquellen
❏ Gesamt-Schalldruckpegel
$L_A = 10 \cdot \lg(10^{L_{A4}/10} + 10^{L_{A5}/10} + \ldots)$ (Gl. 3.90)
L_{A4}, L_{A5} Schalldruckpegel der verschiedenen Schallquellen

3.7.5 Schalldämpferauslegung

Für die Schalldämpferauslegung ist nicht die nominelle, sondern die effektive Abblaseleistung der Sicherheitsventile zugrundezulegen. Diese Leistung (q_m = Massenstrom in kg/h) ist entweder mit dem Faktor 1,15 oder mit dem Faktor 1,05 zu multiplizieren.

Der Faktor 1,15 enthält eine 10%ige Leistungsreserve für die Ausflußziffer der Sicherheitsventile

$\alpha_w = \dfrac{\alpha}{1,1}$

und eine 5%ige Reserve für den zulässigen Druckanstieg.

Der Faktor 1,05 berücksichtigt hier nur den zulässigen Druckanstieg bei 5%. Hierbei wurde vorausgesetzt, daß bei der Größenbestimmung des Sicherheitsventils mit dem tatsächlichen α-Wert gerechnet wurde.

Zulässige Schallwerte nach TA Lärm siehe Tabelle 3.3.

3.7.5.1 Berechnung nach VDI 2173

Beispiel 3.15
Ansprechüberdruck 10 bar
Sattdampf/Massenstrom q_m = 17 000 kg/h
(Katalogangabe entspricht dem zuerkannten Massenstrom)
Sattdampf/maximaler Massenstrom
q_m = 20 754 kg/h

Tabelle 3.3 Imissionsrichtwerte nach TA Lärm

TA Lärm	Einwirkungsort gemäß Baunutzungsverordnung	Immissionsrichtwert in dB(A) Tag	Nacht
ausschließlich gewerbliche Anlagen	Industriegebiet (GI)	70	
vorwiegend gewerbliche Anlagen	Gewerbegebiet (GE)	65	50
weder vorwiegend gewerbliche Anlagen noch vorwiegend Wohnungen	Kerngebiet (MK); Mischgebiet (MI); Dorfgebiet (MD)	60	45
vorwiegend Wohnungen	allgemeine Wohngebiete (WA); Kleinsiedlungsgebiete (WS)	55	40
ausschließlich Wohnungen	reines Wohngebiet (WR)	50	35
Kurgebiete, Krankenhäuser, Pflegeanstalten	–	45	35

Kurzzeitige Spitzen sind tags bis zu 30 dB(A), nachts bis 20 dB(A) als Überschreitung zulässig.

Tatsächliche Sattdampfleistung (unter Berücksichtigung des α-Wertes sowie einer 10%igen Drucksteigerung. Die erhöhte Sattdampftemperatur wird hierbei vernachlässigt.

Temperatur 184 °C = 457 K

Schalleistungspegel L_w

$$L_w = 17 \lg \left(\frac{20\,754}{1000}\right) + 50 \lg 457 - 15$$

$L_w = 140{,}4$ dB (A)

Schalldruckpegel L_A in 1 m Entfernung

$L_A = L_w - [10 \lg A]$
Oberfläche A der Halbkugel mit $r = 1$ m
$A = 2 \cdot \pi \cdot r^2$
$A = 6{,}3$ m².

$L_A = 140{,}4 - [10 \lg 6{,}3]$
$L_A = 132{,}4$ dB (A) in 1 m Entfernung

3.7.5.2 Berechnung nach VDMA 24 422

Beispiel 3.16
SV = Vollhub-Sicherheitsventil
M = Meßstelle (Mikrofon)

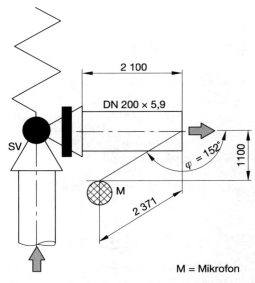

M = Mikrofon

Bild zu Beispiel 3.16

Betriebsdaten:
Heißdampf $T_1 = 450$ °C = 723 K
$p_1 = 111$ bar
$q_m = 60\,000$ kg/h
$\alpha \cdot A_0 = 1233$ mm²

Berechnungsbeispiel	Ergebnis
a) Druck und Strömungsgeschwindigkeit in der Ausblasemündung	p_a = 2,5 bar w = 560 m/s
b) Schalldruckpegel des Sicherheitsventils für eine Entspannung von für eine Entspannung von 111 auf 2,5 bar jedoch unter der Annahme $\Delta L_G = 0$ Der niedrigere Wert ist gültig, somit Die Wanddicke eines Rohres nach PN 40 wäre S_{40} = 6,3 mm, für die tatsächliche Wanddicke S = 5,9 mm ergibt sich der Korrekturwert (dieser Wert ist vernachlässigbar)	L_{A1} max. = 133 dB (A) L_{A1} < 124 dB (A) L_{A1} = 124 dB (A) ΔR_m = 0,3 dB (A)
c) Schalldruckpegel aus dem Strömungsgeräusch im Rohr DN 200 × 5,9	L_{A2} = 99 dB (A)
d) Schalleistungspegel (innen) für Ventilgeräusche	L_{wi} = 173 dB (A)
e) Schalleistungspegel (außen) Die Ausblaseöffnung ist die stärkste Schallquelle	L_{w2} = 173 dB (A) L_{w3} = 158 dB (A)
f) Schalldruckpegel der Ausblaseöffnung (r = 2,371 m, φ = 152°)	L_{A6} = 141 dB (A)
g) Gesamt-Schalldruckpegel an der Meßstelle M (Anteil der Eintrittsleitung, der Begrenzungswände und des Dampf- freistrahls vernachlässigt)	L_A = 141 dB (A)

3.8 Seismische Belastungen

Die Grundlage der Eigenfrequenzberechnung ist das Feder- oder Biegependel.

Das Schwingungsverhalten eines Sicherheitsventils während des Erdbebens wird im wesentlichen bestimmt durch seine Massenverteilung und Steifigkeit. Kompakte Bauweise ist günstiger als eine Konstruktion mit weit ausladender Masse.

Grundformeln (Bild 3.30):
Eigenfrequenz:

$$f = \frac{\omega}{2 \cdot \pi} \qquad (Gl.\ 3.91)$$

Eigenkreisfrequenz:

$$\omega = \sqrt{\frac{c}{M}} \qquad (Gl.\ 3.92)$$

Biegesteifigkeit:

$$c = \frac{F}{y} \qquad (Gl.\ 3.93)$$

Biegekraft:

$$F = M \cdot a \qquad (Gl.\ 3.94)$$

f Eigenfrequenz der Armatur oder des Bauteils in (Hz)
ω Eigenkreisfrequenz in (1/s)
c Biegesteifigkeit in (N/m) ist eine Funktion der Geometrie und des Werkstoffs
F Biegekraft, hier Massenkraft in (N)
y Amplitude in (m)
a Beschleunigungswert des Erdbebens, z. B. $a = 0{,}1 \cdot g = 0{,}981$ m/s^2
M Masse in (kg)

Praktischer Nachweis (statisch)

In manchen Spezifikationen (USA, Kanada usw.) wird zusätzlich zum rechnerischen Nachweis – Eigenfrequenz > 33 Hz – auch ein Test verlangt. Hierfür wird über das Verhältnis der Massen M_u/M_0 eine Beschleunigung a_n ermittelt, mit der eine seismische Querkraft F_S errechnet wird. Diese Kraft greift im Schwer-

64 Sicherheitsventile

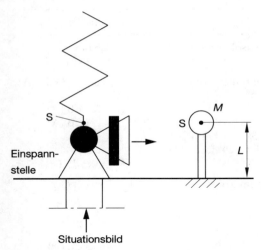

Bild 3.30 Ersatzsystem für die Bestimmung der seismischen Belastung

Ersatzbild: Biegefeder einseitig eingespannt
S   Schwerpunkt
M   Masse in kg
L   Schwerpunktabstand zur Einspannstelle in mm

punkt des Oberteils an und ist während der Prüfung wirksam.

$F_S = M_0 \cdot a_n$

a_n fiktive Beschleunigung in $\frac{m}{s^2}$ (aus Tabelle)
M_u Masse des Ventilgehäuses in kg
M_0 Masse der Gehäuseaufbauten in kg

M_u/M_0	a_n
0,5	30
1	40
2	50
3	70

3.9 Zündfähige Höhe des Ausblasefreistrahls

Die Druckentlastung ist die letzte Notmaßnahme in einer Kette von Sicherheitsschritten zum Vermeiden des Berstens eines Druckbehälters. Sie wird also nur in den seltensten Fällen eintreten. Es ist deshalb statthaft, das Entspannungsmedium ins Freie abzuleiten, sofern dort keine Gefahr oder unzumutbare Belästigung eintritt.

Beim Entspannen von schweren Gasen [1] ist die Situation am ungünstigsten, wenn bei Windstille der Strahl kulminiert, wie es in Bild 3.31 dargestellt ist. Die Konzentration $C_k(H_k)$ im Kulminationspunkt muß dann möglichst kleiner sein als die relevante Grenzkonzentration, z. B. die untere Explosionsgrenze (UEG).

$$C_k \cong \frac{0{,}01}{M_g} \cdot \frac{\sqrt{\left[1 - \frac{\varrho_u}{\varrho_{nu}}\right]}}{\sqrt[4]{\varrho_u}} \cdot \frac{q_m^{1,5}}{R_g^{1,25}}$$

$$\cong \frac{0{,}014}{M_g} \cdot \frac{\sqrt{\left[1 - \frac{\varrho_u}{\varrho_{nu}}\right]}}{\sqrt[4]{\varrho_u}}$$

$$\cdot \frac{(\psi \cdot \alpha \cdot d_0^2 \cdot \sqrt{p_0 \cdot \varrho_0})^{1,5}}{R_g^{1,25}} \quad \text{(Gl. 3.95)}$$

Für den Bereich der Unterschallgeschwindigkeit in der Endöffnung mit Durchmesser d_n läßt sich darstellen, daß die Kulminationskonzentration C_k proportional $d_n^{2,5}$ wird. Ein möglichst kleiner Durchmesser d_n mit Schallgeschwindigkeit w_s im Abblasequerschnitt ist daher anzustreben, jedoch ohne daß der Gegendruck p_a zu groß wird.

Für die Höhe H^*, bis der das notentspannte Gas im Freistrahlbereich zündfähig ist, erhält man:

$$H^* = \frac{1{,}5 \cdot q_m}{\text{UEG} \cdot M_g \cdot \sqrt{\varrho_u \cdot R_g}} \quad \text{(Gl. 3.96)}$$

$$= \frac{1{,}9}{\text{UEG} \cdot M_g} \cdot \sqrt{\frac{\varrho_0 \cdot p_0}{\varrho_u \cdot R_g}} \cdot \psi \cdot \alpha \cdot d_0^2$$

d in mm, q_m in kg/h, p in bar abs., ϱ in kg/m³, UEG in Vol.-%, mit der Sicherheit $S = 1$ und der Reaktionskraft R_g in daN, M in kg/kmol, ϱ_{nu} Gasdichte bei p_u, T_n.

Hier ergibt sich für den Bereich der Unterschallgeschwindigkeit im Ausblasequerschnitt mit Durchmesser d_n, daß die Höhe H^* dem Durchmesser d_n proportional ist. Es ist also ebenso ein möglichst kleiner Durchmesser d_n

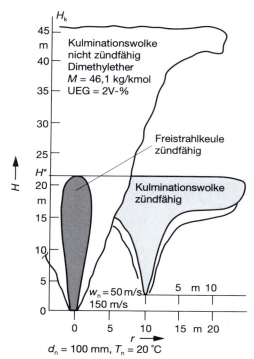

Bild 3.31 Einfluß der Austrittsgeschwindigkeit w_n auf den zündfähigen Bereich eines senkrechten Freistrahls [2]

Das Bild verdeutlicht die Vorteile einer «schallschnellen» Notentspannung, wie sie z.B. durch Vollhubventile ausgeprägter Schließdruckdifferenz $\Delta p_y \geq 0,05 \cdot p_a$ auch bei deren Überdimensionierung und daher «pumpendem» Abblasen eher gegeben ist als bei den Proportionalventilen.

anzustreben, jedoch ebenso wieder unter Einhaltung eines zulässigen Gegendruckes p_a.

Beispiel 3.17:
Als Anwendungsbeispiel sollen die Versuchsergebnisse von Bild 3.31 nachgerechnet werden:

$$q_m = \frac{\pi}{4} \cdot d_n^2 \cdot w_n \cdot \varrho_g$$
$$= \frac{\pi}{4} \cdot 0,1^2 \cdot 150 \cdot 1,75 \cdot 3600 = 7429 \text{ kg/h};$$
$$F_R = q_m \cdot w_n = 7429 \cdot 150/3600 = 310 \text{ N}$$
da $w_n < w_s$ bzw. $p_n = p_u$.

Für die Höhe H^*, bis zu welcher der Freistrahl zündfähig ist, erhält man mit Gleichung 3.96:

$$H^* \cong \frac{1,5 \cdot 7429}{2 \cdot 46,1 \cdot \sqrt{31}} = 21,7 \text{ m,}$$

wie in etwa auch gemessen.

Die rechte Seite von Gleichung 3.96 verdeutlicht den Einfluß der Armaturendaten. Im Unterschallbereich für d_n wird die Höhe H^* geschwindigkeitsunabhängig.

Für die Konzentration C_k in der Kulminationshöhe H_k erhält man nach Gleichung 3.95:

$$C_k = \frac{0,01}{46,1} \cdot \frac{\sqrt{1 - 1,1/1,75}}{\sqrt[4]{1,1}} \cdot \frac{7429^{1,5}}{31^{1,25}} = 1,13 \text{ Vol.-\%}$$
$$\leq \text{UEG} = 2\%$$

Bei nur 50 m/s Austrittsgeschwindigkeit w_n, also einem Drittel von 150 m/s, erhält man die 3-fache Kulminationskonzentration C_k und erreicht dann die untere Explosionsgrenze (UEG) = 2 Vol.-%.

Falls dieser Abblasezustand umgangen werden muß, so bietet sich ein zusätzliches Abblasen von Wasserdampf als sogenannte «Dampfsperre» an.

Zur Ableitung der Gleichungen siehe [2].

3.10 Konstruktion und Anwendung

3.10.1 Gewichtsbelastete Sicherheitsventile

Diese älteste Bauart von Sicherheitsventilen (Bild 3.32) wird noch bei entsprechenden Vorschriften und insbesondere bei niedrigen Drücken angewendet. Bei den neueren Konstruktionen wird das Gewicht an der Spindel befestigt (Bild 3.33, direkte Gewichtsbelastung).

3.10.2 Federbelastete Sicherheitsventile

Bedingt durch die Vielfalt der Anwendungsmöglichkeiten ist diese Bauart zur Zeit die am meisten angewendete (Bild 3.34).

66 Sicherheitsventile

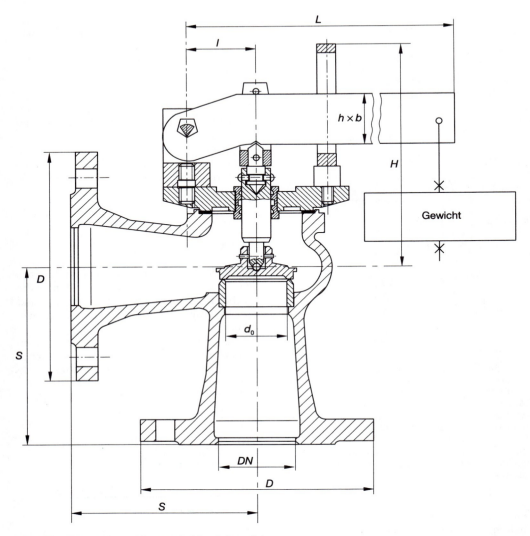

Bild 3.32 Sicherheitsventil mit Hebel (und Gewicht)

Die Höhe des Ansprechdruckes
Bei kleineren Ansprechdrücken soll die Arbeitsdruckdifferenz in der Regel höher sein als bei großen Ansprechdrücken (Bild 3.35).

Äußere Einflüsse
Äußere Einflüsse, wie z.B. mechanische Schwingungen, zeitlich wechselnde Temperaturbeaufschlagungen, pulsierende Strömung (wie bei Kolbenkompressoren) würden auch eine höhere Arbeitsdruckdifferenz nötig machen.

Festigkeitsmäßige Dimensionierung der austrittsseitigen Bauteile
Die Austrittsseite eines Sicherheitsventiles (Gehäuseteile, Schrauben und der Faltenbalg) ist festigkeitsmäßig abhängig von Werkstoff,

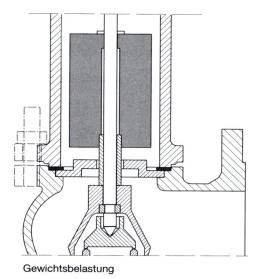

Gewichtsbelastung

Bild 3.33   Gewichtsbelastung

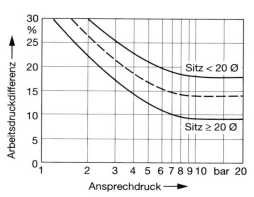

Bild 3.35   Arbeitsdruckdifferenz in Abhängigkeit vom Ansprechdruck

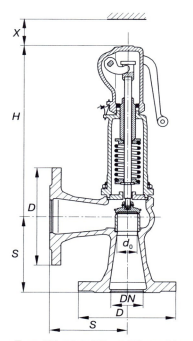

Type 429 mit Anlüftung H4 geschlossene Federhaube gasdicht, Kegel anlüftbar

Proportional-Sicherheitsventil (LESER)

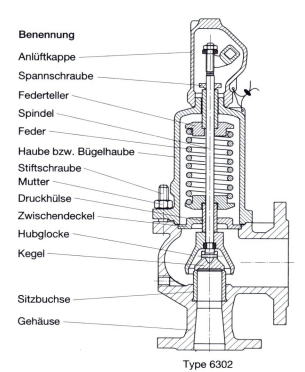

Benennung
- Anlüftkappe
- Spannschraube
- Federteller
- Spindel
- Feder
- Haube bzw. Bügelhaube
- Stiftschraube
- Mutter
- Druckhülse
- Zwischendeckel
- Hubglocke
- Kegel
- Sitzbuchse
- Gehäuse

Type 6302

Vollhub-Sicherheitsventil (BOPP&REUTHER)

Bild 3.34   Federbelastete Sicherheitsventile

Druck und Temperatur. Der Hersteller berücksichtigt dies entsprechend dem Gegendruck, gegebenenfalls kommt eine Sonderbauart zur Ausführung.

Der Einsatz von 1- oder mehrwandigen Faltenbälgen richtet sich nach der Höhe von Gegendruck und Temperatur sowie Faltenbalggröße und Werkstoff.

Flanschnenndruckstufe am Austritt

Ein erhöhter Gegendruck kann die Änderung der Standardflanschausführung zur Folge haben. Festlegung ist nach DIN 2401, ANSI u.a. zu treffen.

Konstruktionselemente

❑ Spindelraum – Abdichtung
  Der Faltenbalg (Bild 3.36) soll bei Sicherheitsventilen

- die Feder vor schädlichen Einflüssen des Mediums schützen,
- eine sehr hohe Dichtheit nach außen gewährleisten,
- den Fremdgegendruck oder zu hohen Eigengegendruck ausgleichen.

Der mittlere Durchmesser des Faltenbalges entspricht dem mittleren Durchmesser des Sicherheitsventilsitzes. Die Verbindung des Balginnenraumes mit der Atmosphäre bei vorliegender Flächengleichheit bewirkt, daß der vorhandene Gegendruck ausgeglichen wird.

Der Ansprechdruck bleibt daher immer gleich dem durch die Feder eingestellten Druck.

Zum alleinigen Abdichten von Federraum und Spindelführung kann auch eine Membranabdichtung (Bild 3.37) eingesetzt werden.

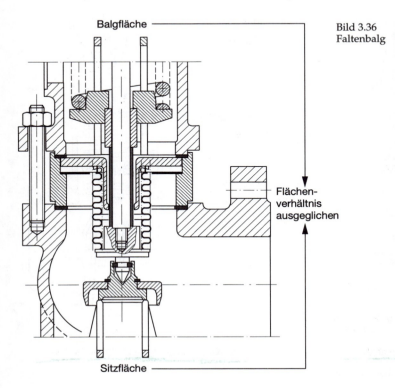

Bild 3.36
Faltenbalg

Konstruktion und Anwendung 69

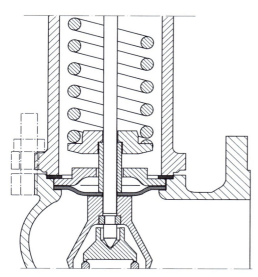

Bild 3.37   Membranabdichtung

❑ Oberteilausführung
   Hier liegen die Unterschiede im wesentlichen in der Hauben- und Kappenausführung (Bild 3.38).
   Zur Signalisierung der Betätigung von Sicherheitsarmaturen werden immer mehr Kontaktgeber (Bild 3.39) eingesetzt.

❑ Schwingungsdämpfer
   Extreme anlagentechnische Bedingungen und Betriebszustände können ein mechanisch arbeitendes Feder-Sicherheitsventil zu Schwingungen anregen und so kann es zum «Flattern oder Hämmern» kommen.
   Außer der Beschädigung der Armatur sind Folgeschäden im System und damit eine Minderung der Sicherheit nicht ausgeschlossen.
   Ein Beispiel zur Lösung des Problems zeigt Bild 3.40 mit einem Schwingungsdämpfer.

3.10.3   Gesteuerte Sicherheitsventile

Entsprechend den Auslegungsrichtlinien wären bei großen Abblaseleistungen eine Vielzahl von direktwirkenden Sicherheitsventilen

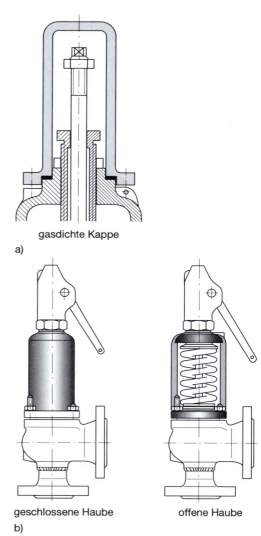

Bild 3.38   Kappen- und Haubenausführung

erforderlich. Um das zu vermeiden, wurden gesteuerte Sicherheitsventile entwickelt. Sie bestehen aus einem Hauptventil und einer Steuereinrichtung für das Hauptventil (Bild 3.41). Die Steuereinrichtung kann mechanisch, durch Eigenmedium oder durch eine Fremdenergie das Hauptventil betätigen. Sie kann nach dem Ruhe- oder Arbeitsprinzip wirken:

70 Sicherheitsventile

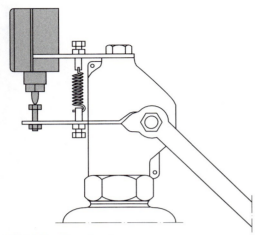

Bild 3.39   Kontaktgeber

- Ruheprinzip
  Es ist dadurch gekennzeichnet, daß die Steuereinrichtung bei Ausfall der Steuerenergie die Be- oder Entlastung (je nach Konstruktion) bewirkt.
- Arbeitsprinzip
  Es ist dadurch gekennzeichnet, daß die Steuereinrichtung bei Ausfall der Steuerenergie keine Be- der Entlastung bewirkt.

Eine vollständige Einteilung gemäß Entwurf der DIN EN 1268-5 enthält Tabelle 3.4.

Als Fremdenergie für gesteuerte Sicherheitsventile dienen je nach Verfügbarkeit der Medien und je nach Einsatzbereich pneumatische, elektrische oder hydraulische Antriebe, die von den Steuereinrichtungen betätigt werden. Aus Sicherheitsgründen müssen mindestens 3 getrennte Steuerstränge funktionstüchtig sein, was einen gewissen Aufwand erfordert. Beim Ansprechen des Steuerventils wird über die Steuerleitung mit dem Eigenmedium der Hubkolben des Hauptventils (Bild 3.42 und 3.43) betätigt. Reduziereinrichtungen, die bei z. B. Lastabwurf der Turbine HD- und ND-seitig die Turbine umgehen (Umleitstationen), können als gesteuerte Sicherheitseinrichtungen ausgebildet sein. In diesem Fall sind keine gesonderten Sicherheitsventile erforderlich, die ins Freie abblasen.

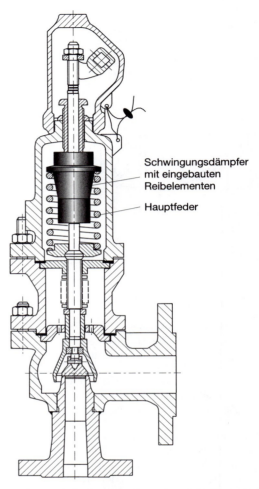

Bild 3.40   Sicherheitsventil mit Schwingungsdämpfer

3.10.4   Überströmventile

Zur Verhinderung des unzulässigen Druckaufbaus in einem mit Flüssigkeit gefülltem Rohrleitungsabschnitt zwischen 2 geschlossenen Armaturen genügt ein Sicherheitsventil mit sehr kleinem Ausflußmassenstrom oder eine andere Überdrucksicherung.

Im Gegensatz dazu muß die Absicherung von Rohrleitungen, in denen sich während des Betriebes ein unzulässiger Druck auf-

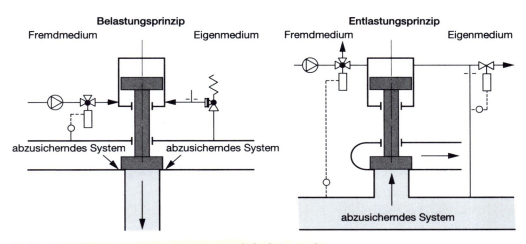

Bild 3.41 Funktionsprinzipien von gesteuerten Sicherheitsventilen

Tabelle 3.4 Einteilung gesteuerter Sicherheitseinrichtungen nach DIN EN 1268-5 (Entwurf)

Hauptarmatur			Steuereinrichtung		Bemerkung
Arbeitsprinzip	Typbezeichnung	Antrieb	Art der Steuerung	Bezeichnung	
Entlastungs-prinzip	Typ 1	durch Eigen-medium	mechanisch	S 1.1	entspricht pilot-gesteuertem Sicherheitsventil nach DIN EN 1268-4
			elektrisch	S 1.2	
			elektronisch	S 1.3	
		pneumatisch	mechanisch	P 1.1	Entlastungs-prinzip: Hauptarmatur öffnet, wenn die Belastung auf-gehoben oder verringert wird
			elektrisch	P 1.2	
			elektronisch	P 1.3	
		hydraulisch	mechanisch	H 1.1	
			elektrisch	H 1.2	
			elektronisch	H 1.3	
		elektrisch	mechanisch	E 1.1	
			elektrisch	E 1.2	
			elektronisch	E 1.3	
Belastungs-prinzip	Typ 2	durch Eigen-medium	mechanisch	S 2.1	Belastungs-prinzip: Hauptarmatur öffnet, wenn Belastung auf-gebracht wird
			elektrisch	S 2.2	
			elektronisch	S 2.3	

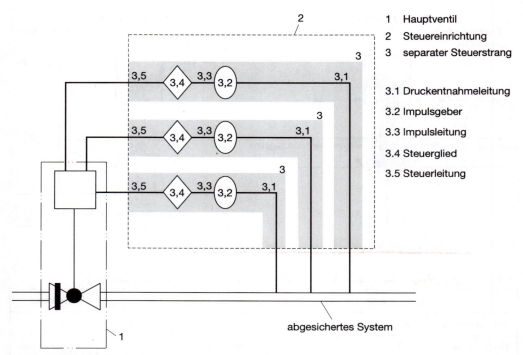

Bild 3.42 Prinzipieller Aufbau eines gesteuerten Sicherheitsventils

1 Hauptventil
2 Steuereinrichtung
3 separater Steuerstrang

3.1 Druckentnahmeleitung
3.2 Impulsgeber
3.3 Impulsleitung
3.4 Steuerglied
3.5 Steuerleitung

bauen kann, z. B. nach Druckreduziereinrichtungen, für den vollen Massestrom erfolgen, gleichgültig ob es sich um gasförmig oder flüssige Stoffe handelt.

3.10.5 Dichtheit

In Abhängigkeit von Medium und Umweltschutzbestimmungen können sich besondere Anforderungen an die Dichtheit des Ausblaseteils und regelmäßige Überprüfung dieser Dichtheit ergeben.

Bestimmung von Leckraten

Die Leckrate ist ein Maß für die Dichtheit eines Sicherheitsventils (z. B. am Sitz oder nach außen) und wird in

$$\mathrm{mbar \cdot l/s}$$

bestimmt.

1 mbar l/s entspricht der Leckage, die in einem evakuierten Gefäß von 1 l in 1 Sekunde einen Druckanstieg von 1 mbar bewirkt. Der atmosphärische Druck außerhalb des Behälters ist dabei 1 bar (Druckanstiegsmethode).

Bei erhöhter Anforderung an die Dichtheit können statt der üblichen Metallsitze auch Kegel mit Weichdichtung (Bild 3.44) verwendet werden.

Vorteile der Weichdichtung am Sitz

❑ geringere Leckrate
  Weichdichtung bis zu 10^{-5} mbar l/s,
  Metallsitz im allg. 10^{-3} mbar l/s;
❑ unempfindlicher gegen Verschmutzung der Ventilsitze, Festkörper (Schmutzpartikel) auf der Sitzfläche werden vom Weichdichtungswerkstoff umschlossen;
❑ gasdichter Abschluß auch nach mehrmaligem Öffnen,

Konstruktion und Anwendung 73

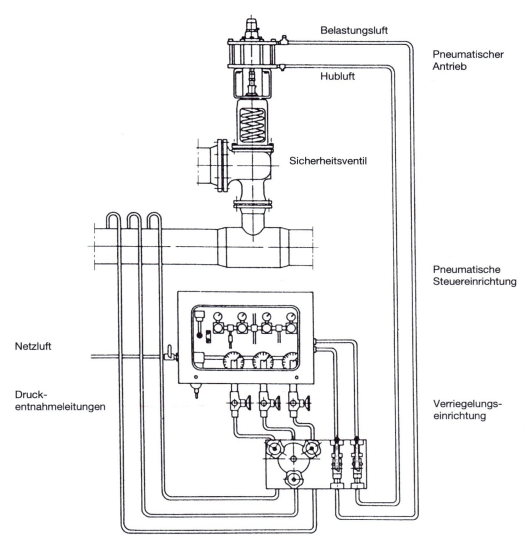

Bild 3.43 Praktischer Aufbau eines gesteuerten Sicherheitsventiles

geringe Sitzbeschädigungen werden von der Weichdichtung kompensiert;
❏ erhöhter Wirkungsgrad
Betriebsdruck der Anlage kann näher am Ansprechdruck des Sicherheitsventils liegen;
❏ Metallische Abstützung verhindert eine Überbeanspruchung des Weichdichtungswerkstoffs,
Weichdichtung hat nur Dichtfunktion.

In Tabelle 3.5 sind die verschiedenen Weichdichtungswerkstoffe den verschiedenen Medien zugeordnet.

3.10.6 Datenblatt für Sicherheitsventile

Bild 3.45 gibt ein Form-Datenblatt für Sicherheitsventile wieder.

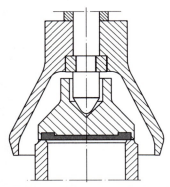

Bild 3.44   Weichdichtender Kegel

3.10.7   Anwendungen

Druckabsicherung von Kraftwerksanlagen
Für die Absicherung des Dampferzeugers und des Zwischenüberhitzers werden heute zumeist gesteuerte Sicherheitsventile verwendet, da diese erhöhte Dichtkraft bei hohem Druck und großen abzuführenden Mengenströmen gewährleisten.
Bild 3.46 zeigt ein vereinfachtes Schema eines Kraftwerksblockes. Im Sicherheitsfall, z.B. Turbinenschnellschluß, strömt der Dampf über die HD-Reduzierstation in den Zwischenüberhitzer und wird von den ZÜ-Sicherheitsventilen (ZÜ-SV) ins Freie abgeblasen. Vielfach fehlen die Sicherheitsventile (HD-SV) auf dem HD-Teil, so daß die HD-Reduzierstation zusätzlich zur Funktion der Druckregelung in der Absicherung gegen Drucküberschreitung wahrzunehmen hat.

3.11   Installation

Feder-Sicherheitsventile sind mit senkrecht nach oben stehender Federhaube einzubauen. Bei Hebel-Sicherheitsventilen muß der Hebel waagerecht liegen.
Jedes Sicherheitsventil muß so montiert sein, daß seine einwandfreie Funktion gewährleistet ist, d.h., es dürfen z.B. keine unzulässigen statischen, dynamischen oder thermischen Beanspruchungen aus den zu- und abführenden Rohrleitungen auf das Sicherheitsventil übertragen werden.
Gegebenenfalls müssen Dehnmöglichkeiten vorgesehen werden. Spannungen durch fehlerhafte Montage müssen vermieden werden.
Das Einfrieren oder Erstarren von Medium oder Kondensat im Ventilgehäuse ist durch geeignete Maßnahmen zu verhindern.

❑ *Kondensatableitung*
Um Schutz und Fremdkörper aller Art von dem Sicherheitsventil fernzuhalten, muß

Tabelle 3.5   Weichdichtungswerkstoff nach Art des Mediums

Werkstoffbasis	Temperaturbereich	Medium
Ethylen – Propylen – Terpolymer (ca. 85 shore A)	–40/+130 °C	Kalt- und Heißwasser, Luft, Helium, Stickstoff Wasserdampf
Chlor – Butadien – Kautschuk (ca. 70 shore A)	–30/+60 °C	Kältemittel (z.B. Frigen)
Fluor – Kautschuk (ca. 83 shore A)	–8/+150 °C	Flüssiggase (z.B. Propan, Butan, Propylen, Methan); Erdgas, Stadtgas, Heizöl, Dieselöl; Benzin, Benzol, Petroleum, Flugkraftstoff; Sauerstoff, Wasserstoff

Sicherheitsventile Datenblatt

Kunde:
Kennwort:
Blatt: von:

#						
1	Anfrage/Angebot/Auftrag					
2						
3	Positions-Nr.					
4	Stückzahl					
5						
6	Vorschrift					
7		Medium				
8		Berechnungstemperatur		°C		
9		Zustand b. Abblasen	f = flüss. d = dampff., g = gasf.	f☐ d☐ g☐	f☐ d☐ g☐	f☐ d☐ g☐
10		Molekulare Masse		kg/kmol		
11	Betriebsverhältnisse	Adiabatenexponent k	Realgasfaktor	Z		
12		Dichte beim Abblasen		kg/m³		
13		Hilfsgrößen max.	X			
14		Viskosität				
15		Arbeitsdruck abs		bar		
16		Ansprechdruck abs		bar		
17		Fremdgegendruck abs		bar		
		konstant	variabel			
18		Einstellüberdruck p_e		bar		
19		Abblasemenge	erforderlich	kg/h		
		je Ventil	möglich[1]	kg/h		
20		Art: Vollhub-, Normal- oder Proportional-Ventil				
21		Hersteller-Typ				
22		federbelastet	gewichtsbelastet			
23		Werkstoffe	Gehäuse			
			Abdichtung			
			Feder			
24	Ventilausführg	Anlüftung		ja/nein		
25		Haube	geschlossen/offen			
26		Faltenbalg		ja/nein		
27		Gehäuse mit Entwässerung		ja/nein		
28		Engster Strömungsdurchmesser	d_0 mm			
29		Engster Strömungs-	erforderlich	mm²		
		querschnitt A_0	gewählt	mm²		
30		Ausflußziffer		α_w		
31	Anschlüsse	Eintritts-/Austritts-	DN			
		Flansch	PN			
			Dichtfläche (DIN 2526)			
32		Schweißende	Ein-/Austritt			
33		Stückgewicht		ca. kg		
34	Bemerkg.					
35						
36						
37						
38	Preis	Stückpreis[2]		DM		
39		Gesamtpreis[2]		DM		
40		Werkstoffprüfung Gehäuse/Eintrittsstutzen				
41	Abnahme					
42		Endabnahmeprüfung				

Datum: Abteilung/Name:

[1] Berechnung entsprechend AD-Merkblatt A2/TRD 421;   [2] ohne Abnahmekosten.

DIN 3320 Begriffe für Sicherheitsventile; DIN 3230 Technische Lieferbedingungen.

Bild 3.45   Datenblatt für Sicherheitsventile

76 Sicherheitsventile

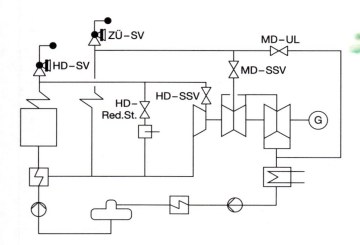

Bild 3.46 Vereinfachtes Schema eines Kraftwerksblockes

eine Entwässerung der Ausblaseleitung **und** des Sicherheitsventils über die Ausblaseleitung erfolgen. Das in Ausblasleitungen anfallende Kondensat muß zuverlässig abgeführt werden. Kondensatansammlungen können beim Abblasen explosionsartig verdampfen und dadurch schwere Schäden hervorrufen. Abblasleitungen sind gegen Einfrieren zu schützen.

Gemäß den geltenden Regelwerken muß die Ausblaseleitung an ihrem tiefsten Punkt mit einer ausreichend groß bemessenen Kondensatableitung versehen werden. Grundsätzlich muß der tiefste Punkt in der Ausblaseleitung liegen, d.h., es darf sich an dem Sicherheitsventilaustritt nicht ein nach oben gerichteter Bogen anschließen, sondern es muß zunächst ein mit Gefälle verlegtes Rohrstück auf das Sicherheitsventil folgen. In diesem Stück muß dann die mit ausreichend großem Querschnitt ausgeführte Entwässerungsleitung angebracht werden (Bild 3.47).

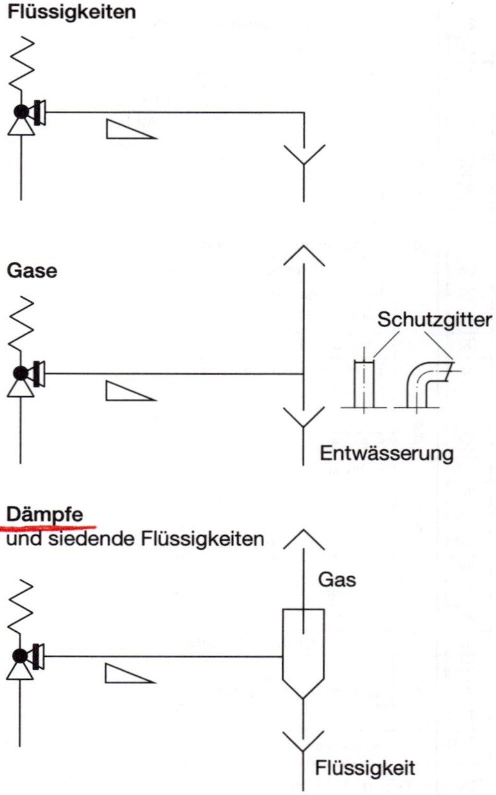

❑ *Wechselventil und 2 Sicherheitsventile.*
Für Wartung, Kontrolle und Reparatur von Sicherheitsventilen hat es sich bewährt, in Betrieben mit langen Produktionszeiten, 2 Sicherheitsventile zu installieren, die über ein Wechselventil angeschlossen werden können. Das Wechselventil muß immer auf

Bild 3.47 Gefahrlose Ableitung des Massenstromes

Installation 77

Absicherung eines Behälters mit einem Wechselventil am Eintritt von 2 Sicherheitsventilen
Sicherheitsventile direkt an Wechselventil (W) angeflanscht.
Betriebsablauf wird nicht beeinflußt, wenn von einem auf das andere Sicherheitsventil umgeschaltet wird.

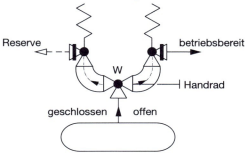

Absicherung eines Behälters über 2 Wechselventile zur Ein- und Austrittsverriegelung von 2 Sicherheitsventilen
Wechselseitig können Eintritt und Austritt gemeinsam geschlossen bzw. geöffnet werden.

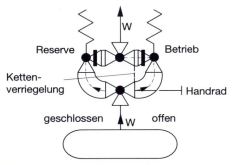

Bild 3.48 Absicherung mit 2 Sicherheitsventilen und Wechselventil

das «Betriebs»-Sicherheitsventil hin, voll geöffnet sein (Bild 3.48 und Bild 3.49).
Der Widerstandsbeiwert dieses Wechselventils muß jedoch bei den zulässigen Druckverlusten in der Sicherheitszuleitung mit berücksichtigt werden.

❏ *Entspannungstöpfe bei Ausblasung von siedenden Flüssigkeiten*
Als Richtwert für die Dimensionierung von Ausblastöpfen können die Daten der Heißwasserausführungen (gemäß DIN 4751, T.4) zugrunde gelegt werden (Bild 3.50).

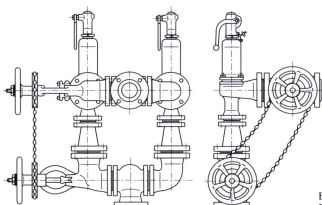

Bild 3.49
Praktische Ausführung von Bild 3.48

78 Sicherheitsventile

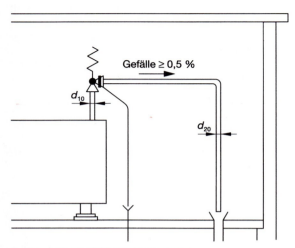

Ausblasleitung mit Ventilentwässerung
(nur bei Hochhub-Sicherheitsventilen)

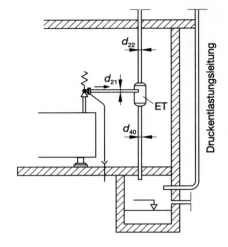

Ausblasleitung mit Entspannungstopf
(für Wärmeerzeuger mit einer
Nennwärmeleistung von mehr als 350 kW)

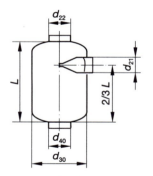

kW	600	900
d_{40}	80	100 mm
d_{22}	100	125 mm
d_{30}	300	400 mm
L	510	680 mm

Entspannungstopf ET mit tangentialer Einführung

Bild 3.50 Abmessung der Zuleitungen, Ausblaseleitungen, Wasserabflußleitungen und der Entspannungstöpfe für andere federbelastete Sicherheitsventile nach DIN 4751 Teil 4

Zuleitung und Ausblasleitung dürfen nicht absperrbar sein und keine Schmutzfänger oder Formstücke enthalten, die den vorgeschriebenen Querschnitt verengen

	Leitungen		Abblasdruck	Länge	Anzahl der Bögen	Mindestdurchmesser
1	Zuleitung	d_{10}	für alle Werte	$\leq 0{,}2$ m	≤ 1	$\triangleq d_1$
2			für alle Werte	≤ 1 m	≤ 1	$\triangleq d_1 + 1$ DNSt**)
3	Ausblasleitung ohne Entspannungstopf (ET)	d_{20}	≤ 5 bar	≤ 5 m	≤ 2	$\triangleq d_1 + 2$ DNSt**)
4			5 bar $< p \leq 10$ bar	$\leq 7{,}5$ m	≤ 3	$\triangleq d_1 + 3$ DNSt**)
5	Ausblasleitung zwischen Sicherheitsventil und ET	d_{21}	≤ 5 bar	≤ 5 m	≤ 2	$\triangleq d_1 + 2$ DNSt**)
6			5 bar $< p \leq 10$ bar	≤ 5 m	≤ 2	$\triangleq d_1 + 3$ DNSt**)
7	Ausblasleitung zwischen ET und Ausblasöffnung	d_{22}	≤ 5 bar	≤ 10 m	≤ 3	$\triangleq d_1 + 3$ DNSt**)
8			5 bar $< p \leq 10$ bar	≤ 10 m	≤ 3	$\triangleq d_1 + 4$ DNSt**)
9	ET	d_{30}	≤ 10 bar	$\approx 5 \times d_{21}$	0	$\geq 3 \times d_{21}$
10	Wasserabflußleitung des ET	d_{40}	≤ 5 bar	*)	*)	$\triangleq d_1 + 3$ DNSt**)
11			5 bar $< p \leq 10$ bar	*)	*)	$\triangleq d_1 + 4$ DNSt**)

*) Keine Anforderungen
**) DNSt = Nennweitenstufe

Bild 3.50 (Fortsetzung)

4 Sicherheitsstandrohre

Das Standrohr ist ein nach dem Prinzip der miteinander verbundenen, kommunizierenden Gefäße arbeitendes, senkrecht angeordnetes U-förmiges Rohr, dessen einer Schenkel länger ausgeführt ist. Der kürzere (Fall-)Schenkel ist am Dampfraum des zu schützenden Behälters angeschlossen. Der längere (Steig-)Schenkel steht mit der Atmosphäre in nicht absperrbarer Verbindung.

Wenn der U-förmige Teil des Rohres mit ausreichender Menge Flüssigkeit aufgefüllt wird und im Behälter noch kein Druck vorhanden ist, stellt sich in beiden Schenkeln der gleiche Flüssigkeitsspiegel ein (Bild 4.1a). Sobald aber in dem Behälter Druck entsteht, wirkt dieser auf die Flüssigkeitssäule im kürzeren Schenkel und drückt sie nach unten, wodurch der Flüssigkeitsspiegel in dem anderen Schenkel ansteigt (Bild 4.1b). Die Flüssigkeitssäule befindet sich im Gleichgewicht, wenn der Druck in der durch den unteren Flüssigkeitsspiegel bestimmten Höhe in beiden Schenkeln des Rohres gleich ist, d.h.:

$$\Delta p = \varrho \cdot g \cdot h \qquad \text{(Gl. 4.1)}$$

Da sich die Flüssigkeitssäule im Gleichgewicht befindet, muß auch in der geschützten Anlage der durch Gleichung 4.1 bestimmte Druck herrschen.

Der größte Niveauunterschied (die Höhe) der Flüssigkeitssäule wird von der Höhe H der Flüssigkeit im Rohr (Bild 4.1c oder von der Länge des Standrohres (Bild 4.2d) bestimmt. So kann der in der Anlage herrschende Druck durch die Menge der in das Standrohr gegossenen Sperrflüssigkeit oder durch die Veränderung der Länge des Standrohres eindeutig begrenzt werden. Bei Druckanstieg beginnt die Flüssigkeit am oberen Ende des Standrohres auszulaufen (Bild 4.1d). Die restliche Flüssigkeitssäule – und deren Druck – wird immer kleiner, so daß der innere Überdruck die Flüssigkeit aus dem Standrohr ganz hinausdrängt. Durch das derart freigewordene Rohr entweicht der Dampf aus der Anlage und der Druck fällt ab.

In Bild 4.2 ist die praktische Ausführung eines Standrohres dargestellt.

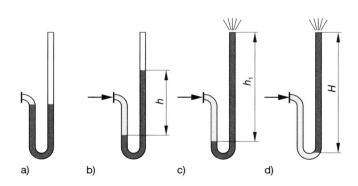

Bild 4.1
Arbeitsweise des Standrohres.
Überdruckbegrenzung durch die Länge des Steigschenkels des Rohres
a) $p = 0$;
b) $p = p_{\text{ü}} = h \cdot \varrho \cdot g$;
c) $p = p_{\text{ü}} = h_1 \cdot \varrho \cdot g$;
d) $p = p_1 = H \cdot \varrho \cdot g$

82 Sicherheitsstandrohre

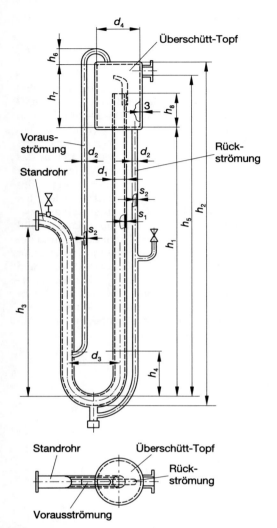

Bild 4.1 Standrohr mit Voraus- und Rückströmleitung n. DIN 4750

5 Emissionsvermeidung von gefährlichen Stoffen über Druckentlastungseinrichtungen

Zu Beginn der systematischen Einzelfallbetrachtung ist das stoffliche Gefahrenpotential zu beurteilen (Bild 5.1). Sofern gefährliche Stoffe (z. B. nach Störfall-Verordnung) in der Anlage vorhanden sind oder entstehen können, muß eine detaillierte Betrachtung der Gefahrenquellen durchgeführt werden. Kann das Ansprechen von Druckentlastungseinrichtungen nicht zuverlässig verhindert werden, ist ein gefahrloses Ableiten zu gewährleisten. Diesbezüglich sind auch die Anforderungen z. B. der TRB 600 zu berücksichtigen. Danach dürfen nur solche Stoffe und Zubereitungen in die Atmosphäre gelangen, die entweder keine Eigenschaftsmerkmale nach der Gefahrstoff-Verordnung aufweisen, oder durch die eine Gefährdung von Personen durch Überschreitung anerkannter Grenzwerte bezüglich Toxizität oder Explosionsgefährdung wie z. B. ERPG-2-Wert oder untere Explosionsgrenze ausgeschlossen ist.

Ist ein unzulässiger Druckanstieg möglich, und kann es dadurch zum Ansprechen von Druckentlastungseinrichtungen kommen, ist ein gefahrloses Ableiten zu gewährleisten. Mit Hilfe einer Ausbreitungsbetrachtung können die nach Ansprechen der Druckentlastungseinrichtungen entstehenden Immissionskonzentrationen in der Umgebung berechnet und bewertet werden. Kann durch die Ausbreitungsbetrachtung ein gefahrloses Ableiten nicht nachgewiesen werden, sind entsprechende Auffang- und Behandlungssysteme erforderlich.

Alternativ gibt es die Möglichkeit, einen unzulässigen Druckanstieg und damit das

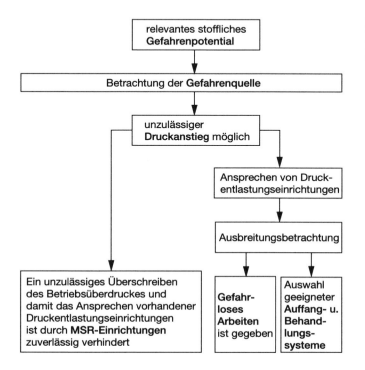

Bild 5.1
Vermeidung gefährlicher Emissionen aus Druckentlastungseinrichtungen

Ansprechen vorhandener Druckentlastungseinrichtungen durch MSR-Einrichtungen zuverlässig zu verhindern. Die MSR-technische Absicherung bietet gegenüber Auffang- und Behandlungssystemen den Vorteil, daß bei einer Störung direkt am Ort der Entstehung wirkungsvoll eingegriffen werden kann und somit das Entstehen kritischer Zustände von vornherein verhindert wird. Hinzu kommt, daß auch bei der Installation eines Auffang- und Behandlungssystems eine entsprechende MSR-Technik erforderlich sein kann.

Sowohl die Absicherung über Druckentlastungseinrichtungen als auch die MSR-technischen Schutzmaßnahmen setzen eine umfassende Analyse des Verfahrensablaufes unter Beachtung einer möglichen Abweichung eines Verfahrensschrittes vom Sollzustand voraus. Daraus resultieren entweder die maximal über die Druckentlastungseinrichtung abzuführenden Massenströme oder die von MSR-Einrichtungen auszuführenden Schutzmaßnahmen zur Verhinderung eines unzulässigen Überdruckes. Zur sicherheitstechnischen Bewertung von chemischen Reaktionen sind eine Reihe von physikalisch-chemischen Kenngrößen der beteiligten Stoffe und apparative Kenngrößen erforderlich.

Sofern die Absicherung der Reaktionsbehälter durch MSR-Schutzeinrichtungen erfolgt, gilt es, die Anforderungen an diese zu bestimmen. Dies kann durch eine Abschätzung des abzudeckenden Risikos z. B. auf der Basis der DIN 19250 «Grundlegende Sicherheitsbetrachtungen für MSR-Schutzeinrichtungen» oder der NAMUR-Empfehlung NE 31 («Anlagensicherung mit Mitteln der Prozeßleittechnik») erfolgen. Daneben sind auch die Anforderungen aus dem Technischen Regelwerk (z. B. TRB 403) zu berücksichtigen. In Bild 5.2 ist eine MSR-Schutzeinrichtung nach Anforderungsklasse AK 5 gemäß DIN V 19250 vereinfacht dargestellt. Ein unzulässiger Druckaufbau wird mit Hilfe redundanter Kontaktmanometer detektiert. Über eine sicherheitsgerichtete speicherprogrammierbare Steuerung unterbrechen redundante Stellglieder die exothermiebestimmende Stoffzufuhr.

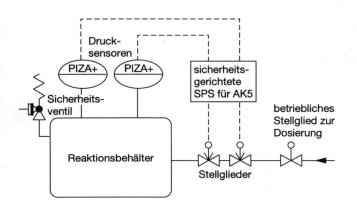

Bild 5.2
MSR-Schutzeinrichtung

6 Berstsicherungen

Berstscheiben sind wartungsfrei, eignen sich für Gase, Flüssigkeiten und Mehrphasenströmungen, sind wirtschaftlich bei korrosiven und toxischen Medien, bieten minimale Leckagewerte und sind heute in Kombination mit Sicherheitsventilen eine sich ergänzende Technologie zur Überdruckabsicherung von Anlagen (Bild 6.1).

Man unterscheidet allgemein zwischen konventionellen Berstscheiben, die unter Zugspannung stehen und Umkehrberstscheiben, die unter Druckspannung stehen (Bild 6.2).

Bei der Auswahl der richtigen Berstsicherung ist der Temperatureinfluß besonders zu berücksichtigen. Der jeweilige Ansprechdruck wird in der Regel bei einer Temperatur von 20 °C definiert. Im normalen Betriebstemperaturbereich ist der Temperatureinfluß auf den Ansprechdruck vernachlässigbar gering (Bild 6.3). Falls erforderlich, werden die Ansprechdrücke sowohl bei Betriebs- als auch bei Raumtemperatur in Prüfzeugnissen spezifiziert.

Tabelle 6.1 Berstsicherungstypen und Betriebstemperatur

Berstscheibentyp	max. Betriebstemperatur
Grafit-Berstscheiben	180 °C
Metall-Berstscheiben aus Edelstahl	485 °C
– Nickel	400 °C
– Aluminium	120 °C
– Inconel	485 °C
– Teflon (Dichtmembrane)	260 °C

6.1 Berstscheibenarten

6.1.1 Zugbelastete konkavgewölbte Berstscheiben

Konkavgewölbte Berstscheiben (Bild 6.4) sind zugbelastet und öffnen bei Erreichen der Zugfestigkeit der Berstfolie. Ein sauberes splitterfreies Öffnen wird durch Vorkerbung oder Schlitzung der Berstmembran erzielt. Im normalen Betrieb muß die Zugspannung unterhalb der Streck- bzw. Dehngrenze des Werkstoffes liegen. Daher liegt der empfohlene Arbeitsdruck bei Berstscheiben dieser Wirkungsweise gewöhnlich bei 80% des nominellen Berstdruckes.

❏ *konkavgewölbt*
  ist die ursprüngliche Berstscheibenart, vorgewölbt mit 90% des Ansprechdrucks.
  Vorteile:
  1. in sehr vielen Materialien erhältlich,
  2. Ganzmetallberstscheibe mit geringer Diffusion,
  3. preiswert.
  Nachteile:
  1. können beim Ansprechen splittern,
  2. geringe Dauerbelastbarkeit bei Druckwechsel und Pulsation,
  3. bei niedrigen Drücken sehr fragil.

Bild 6.1 Berstsicherungs-Bauarten (Fabr. STRIKO)

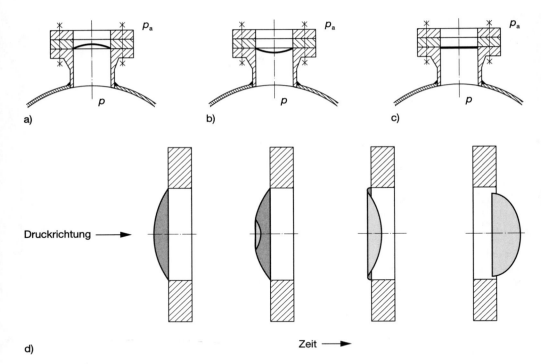

d)
Formen von Berstscheiben
d) Phasen der Öffnungsmechanik für Form b)

Ausflußziffern nach AD-Merkblatt A1:

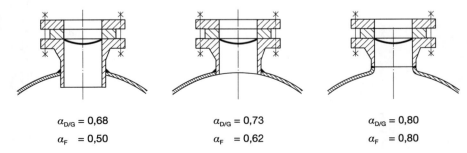

$\alpha_{D/G} = 0{,}68$ $\alpha_{D/G} = 0{,}73$ $\alpha_{D/G} = 0{,}80$
$\alpha_F = 0{,}50$ $\alpha_F = 0{,}62$ $\alpha_F = 0{,}80$

Kombinationsmöglichkeiten

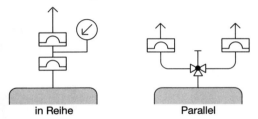

in Reihe   Parallel

Bild 6.2 Berstsicherungen

Berechnung des Abblasequerschnittes bei Flüssigkeiten

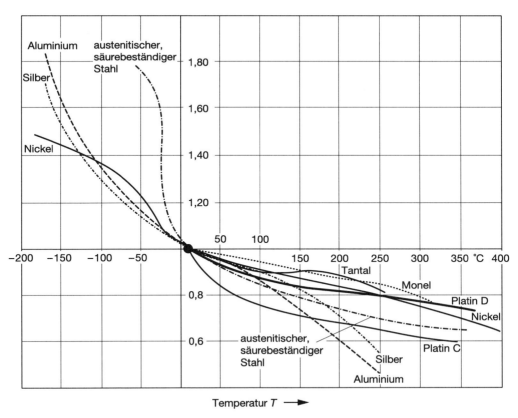

Bild 6.3 Ansprechdruckänderung der aus verschiedenen Werkstoffen hergestellten, vorgewölbten Berstscheiben in Abhängigkeit von der Scheibentemperatur

Wirkungsweise

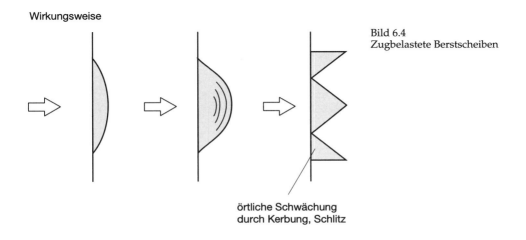

Bild 6.4
Zugbelastete Berstscheiben

örtliche Schwächung
durch Kerbung, Schlitz

❏ *zusammengesetzt (mehrteilig)*
So bezeichnet man einen verschweißten Verbund aus üblicherweise geschlitzten Folien mit Abdichtmembran aus Flourpolymerfolie, vorgewölbt und funkenerosiv- oder lasergeschlitzt; die Vakuumstützen sind fotochemisch geätzt.

Vorteile:
1. niedrige Berstdrücke möglich,
2. nicht splitternd,
3. große Korrosionsfestigkeit durch Auswahl von Materialien.

Nachteile:
1. Leckrate durchschnittlich, wegen Abdichtmembran,
2. Produktseite nur mit Schutzfolien aus Fluorpolymer glatt,
3. bei Vakuumfestigkeit im unteren Berstdruckbereich Querschnittsreduzierung.

❏ *gekerbte Berstscheiben*
Das sind vorgewölbte und mit Prägestempel gekerbte Metallfolien. Die Kerbung wird üblicherweise über Kreuz angebracht. Beim Ansprechen öffnet die Scheibe entlang der Sollbruchstellen; sie werden teilweise spannungsarm geglüht (Bild 6.5).

Vorteile:
1. hohe Arbeitsfaktoren (90%),
2. gute Eignung bei Druckwechsel und Pulsationen,
3. glatte produktberührte Oberfläche,
4. splitterfrei,
5. üblicherweise Vakuumfest ohne Stütze.

Nachteile:
1. begrenzter Ansprechdruckbereich,
2. nicht alle Materialien eignen sich zur Kerbtechnologie.

6.1.2 Druckbelastete konvexgewölbte Berstscheiben

Konvexgewölbte Berstscheiben (Bild 6.6) sind druckbelastet. Beim Ansprechdruck knickt die Wölbung ein und kehrt sich um, daher auch Umkehrberstscheibe. Beim Umschlagen der Berstmembran reißt sie an der Vorkerbung auf oder wird an einem Messer aufgeschlagen. Bei weniger energiereichen, inkompressiblen Systemen, wie z. B. Flüssigkeiten, werden teilweise Spannungsspitzen durch besondere Vorkehrungen wie z. B. ein Punktierungssporn erzeugt.

Die konvexe Berstscheibe erfährt vor dem Umschlagen praktisch keine plastische Verformung und kann daher bei bis zu 90% des Ansprechdruckes betrieben werden.

❏ *Umkehrberstscheibe mit Messersatz*
Sie ist prinzipiell eine verdrehte vorgewölbte Membran. Kalibriert wird der Umschlagpunkt, das Erreichen der Knickspannung. Durch die Wucht des Umkehrens wird die Membran an einem Messer aufgeschlitzt. Impulsabsorber vermeiden das Abscheren der reversierenden Membran.

Vorteile:
1. hoher Arbeitsfaktor,
2. sehr gute Eignung bei Pulsationen,
3. große Materialauswahl.

Nachteile:
1. nicht für Flüssigkeiten geeignet (nur mit Gaspolster),
2. Messersatz rückseitiger Korrosion ausgesetzt,
3. Messersatz stellt strömungstechnische «Versperrung» dar (Druckverlust, Querschnittsreduzierung),
4. Drehmomentempfindlichkeit.

❏ *gekerbte Umkehrberstscheiben*
Auch hier wird die Membran auf eine kritische Knickspannung geeicht. Kompliziert wird die Eichung durch den Einfluß der Kerbung auf die Festigkeit. Die Kerbung kann über Kreuz oder am Umfang erfolgen. Gekerbt wird vor oder nach der Wölbung. Glühen der Berstscheibe zur Verminderung des Umkehrverhältnisses ist immer notwendig. Bei am Umfang gekerbten Berstscheiben sind für Flüssigkeitsanwendungen Impulsabsorber in Form von Schanieren notwendig.

Vorteile:
1. hoher Arbeitsfaktor,
2. sehr gute Eignung bei Pulsationen,
3. geringe Druckverluste,
4. glatte produktberührte Oberflächen,

Berechnung des Abblasequerschnittes bei Flüssigkeiten 89

Bild 6.5
Berstscheibenarten
(Fabr. ELFAB)

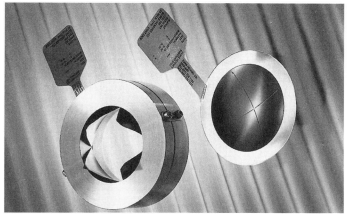

a) gekerbte Umkehrberstscheibe für Gase und Dämpfe

b) gekerbte Umkehrberstscheibe für Gase, Dämpfe und Flüssigkeiten

c) Berstalarmierung in der Dichtung

90 Berstsicherungen

Wirkungsweise   örtliche Schwächung durch Kerbung, Schlitz   Bild 6.6 Druckbelastete Berstscheiben

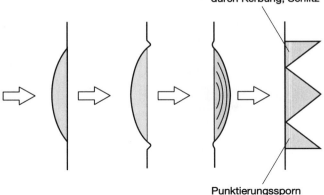

Punktierungssporn

5. keine Versperrung bei über Kreuz gekerbten Scheiben.

Nachteile:
1. über Kreuz gekerbte für Flüssigkeiten nicht geeignet,
2. Verminderung des freien Querschnitts durch Scharnier,
3. nicht alle Materialien zur Kerbung geeignet,
4. teilweise liegt Drehmomentempfindlichkeit vor, je nach Typ und Hersteller.

❑ *Umkehrberstscheiben mit Zahnring*
Bei Erreichen der Knickspannung schlägt die Scheibe um und öffnet an einem Zahnring, der mit der Berstscheibe verbunden ist.

❑ *Umkehrberstscheibe mit Auffangvorrichtung*
Die Berstscheibe ist mit der Halterung verschweißt, verlötet oder verklebt. Beim Umschlagen löst sich die Scheibe und wird von einer in der Abblaseleitung befindlichen Vorrichtung aufgefangen.

6.1.3 Flache Berstscheiben

Flache Berstscheiben (Bild 6.7) sind bei duktilen Werkstoffen zugbelastet. Flache Berstscheiben aus sprödem Werkstoff, hauptsächlich Grafit, zerbrechen durch Überschreitung der Biege- und Scherfestigkeit.

❑ *flache geschlitzte Berstscheiben*
Das ist ein verschweißter Verbund aus üblicherweise geschlitzten Folien mit Abdichtmembran aus Fluorpolymerfolie, funkenerosiv- oder lasergeschlitzt. Vakuumstützen sind im Halter integriert oder als überstehender Ring bei am Umfang geschlitzten Ausführungen.

Vorteile:
1. sehr niedrige Berstdrücke möglich,
2. nicht splitternd,
3. Korrosionsfestigkeit durch Auswahl von Materialien groß.

Nachteile:
1. Leckrate durchschnittlich wegen Abdichtmembran,
2. Produktseite nur mit Schutzfolien aus Flourpolymer glatt,
3. bei Vakuumfestigkeit mit Querschnittsreduzierung,
4. Arbeitsfaktor bei dynamischer Belastung gering.

❑ *Grafit Berstscheiben* (Bild 6.8)
Ausgangsmaterial ist Elektrografit. Das poröse Material muß mit Kunstharzen imprägniert werden. Es stehen Furanharz für Temperaturen bis 170 °C oder Phenolharze für Temperaturen bis 150 °C zur Verfügung. Phenolharze erzielen eine höhere Dichtigkeit. Das imprägnierte Material wird auf die vom Berstdruck und Temperatur ab-

Berstscheibenarten

Wirkungsweise

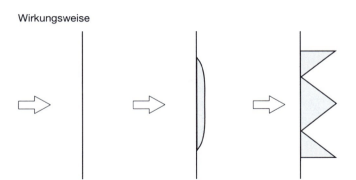

Bild 6.7
Flache Berstscheiben

Bild 6.8 Grafitberstscheiben (Fabr. STRIKO)

hängige Dicke abgedreht. Schutzfolien oder Teflonspray erhöhen die Beständigkeit gegen Abrasion.
Grafitscheiben werden als Monoblock oder in speziellen Haltern eingesetzt. Armierte Bauformen schützen das fragile Material vor schädlichen, übermäßigen oder ungleichmäßigen Einspannkräften.
Sonderbauformen mit unimprägniertem Grafit und separaten Abdichtfolien ermöglichen niedrigere Ansprechdrücke und höhere Einsatztemperaturen.

Vorteile:
1. sehr niedrige Berstdrücke möglich,
2. höchste Korrosionsfestigkeit,
3. preiswert.

Nachteile:
1. Leckrate durchschnittlich je nach Imprägnierung und Berstdruck,
2. Temperaturbereich eingeschränkt,
3. fragmentierend,
4. Arbeitsfaktor bei dynamischer Belastung gering.

6.2 Berechnung des Abblasequerschnittes bei Flüssigkeiten

Zur Auslegung sollten folgende Angaben vorliegen:

q_m abzuführender Massenstrom
p_i Behälterdruck, Ansprechdruck der Berstscheibe
p_a Gegendruck (meist atmosphärisch)
ϱ Dichte des Mediums beim Ansprechen der Berstscheibe

Vorgehensweise
Zur Berechnung der erforderlichen Abblasequerschnittsfläche gehört die Bestimmung der Ausflußziffer α nach Bild 6.2.
Mit der Zahlenwertformel wird die Fläche ermittelt:

$$A_0 = 0{,}6211 \cdot \frac{q_m}{\alpha_w \cdot \sqrt{\Delta p \cdot \varrho}} \qquad \text{(Gl. 6.1)}$$

Die Kontrolle des Massenstroms erfolgt mit effektivem freiem Strömungsquerschnitt (reduzierte Flächen durch Vakuumstützen, Polygonöffnung, Fangvorrichtung, verbleiben der Berstfolie in der Strömung).

6.3 Berechnung des Abblasequerschnitts bei Gasen und Dämpfen

Zur Auslegung sollten folgende Angaben vorliegen:

- q_m abzuführender Massenstrom
- p_i Behälterdruck, Ansprechdruck der Berstscheibe
- p_a Gegendruck (meist atmosphärisch)
- T_i Temperatur des Mediums beim Ansprechen der Berstscheibe
- M Molare Masse des Mediums
- k Isentropenexponent
- Z Realgasfaktor

Vorgehensweise
Bei der Bestimmung der Ausflußfunktion ψ stellt sich die Frage:
Ist die Ausströmung über- oder unterkritisch?

$$\left(\frac{p_a}{p_i}\right)_{krit} = \left(\frac{2}{k+1}\right)^{\frac{k}{k-1}}$$

ψ wählt man aus Bild 3.8 oder der Formel für über- oder unterkritische Strömung. Bei der Berechnung der erforderlichen Abblasequerschnittsfläche geschieht die Bestimmung der Ausflußziffer α nach Bild 6.2.

Mit der Zahlenwertformel wird die Fläche ermittelt.

$$A_0 = 0{,}1791 \cdot \frac{q_m}{\psi \cdot \alpha_w \cdot p_0} \cdot \sqrt{\frac{T_0 \cdot Z}{M}} \quad \text{(Gl. 6.2)}$$

Die Kontrolle des Massenstroms erfolgt mit effektivem freiem Strömungsquerschnitt (reduzierte Flächen durch Vakuumstützen, Polygonöffnung, Fangvorrichtung, verbleiben der Berstfolie in der Strömung).

6.4 Kombination von Berstscheibe und Sicherheitsventil

- Die Berstscheibe darf die Funktion des Sicherheitsventils nicht beeinträchtigen (Bild 6.9).
- Bei der Kombination von Sicherheitsventil und Berstscheibe (BS vor SV) muß bei der Auslegung der Einfluß der Berstscheibe auf den Druckverlust in der Zuleitung des Sicherheitsventils berücksichtigt werden. Bei zu großem Druckverlust (3 % vom Ansprechdruck) besteht die Gefahr des Flatterns oder Pumpens des Sicherheitsventils (Bild 6.10).

Kombinationsmöglichkeiten von BS und SV siehe Bild 6.11.

Das Regelwerk sieht mehrere Vorgehensweisen zur Berücksichtigung dieses Einflusses vor:

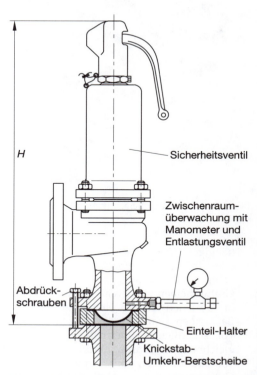

Bild 6.9 Sicherheitsventile Type 441 und 433 mit vorgeschalteter Berstscheibe in bauteilgeprüfter Kombination (Fabr. LESER)

Berstscheibenarten 93

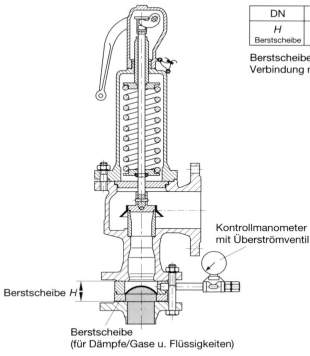

DN	20	25	32	40	50	65	80	100	150
H Berstscheibe				42				48	64

Berstscheibe kann getrennt oder in
Verbindung mit Sicherheitsventilen eingesetzt werden

Sicherheitsventil:
Bauteilgeprüft AD-A2/TRD 421
Direktwirkend federbelastet
Hohe Verschleißfestigkeit Sitz/Kegel
Präzise Zentrierung und Führung des Kegels
Type SAFE oder SAFE-P
Wahlweise Elastomer-Kegel
Wahlweise Elastomer-Faltenbalg
Wahlweise Edelstahl-Faltenbalg

Berstscheibe:
Bauteilgeprüft AD-A1
Schutz des SV's gegen Korrosion u.
Verklebung
Leckfreie Abdichtung
Prüfung des SV's im eingebauten Zustand
Reduzierung der Wartungskosten
Splitterfrei
Voller Durchflußquerschnitt wird freigegeben
Preiswerte Ventilwerkstoffe können eingesetzt
werden

Werkstoffe:
Sicherheitsventil: GG-25
GGG-40.3 } DN20-DN150
GS-C25N
1.4408   } DN20-DN100

Berstscheibe: 1.4401, Nickel, Inconel, Monel,
Aluminium, Teflon

Bild 6.10 Sicherheitsventil Kombination mit Berstscheibe
(Fabr. STRIKO)

❑ *Abschätzung mittels Ungleichung*
Die Geometrie von Sicherheitsventil und Berstscheibe erfüllt eine Mindestforderung, die nicht die tatsächlichen Strömungsverhältnisse berücksichtigt, sondern eine praktikable mit genügender Sicherheit behaftete Abschätzung darstellt.

$$\alpha \cdot A_{geom} < 1{,}5 \cdot \alpha_w \cdot A_s$$

α Ausflußziffer Berstscheibe nach Bild 6.2.
A_{geom} effektiver freier Strömungsquerschnitt der Berstscheibe
α_w zuerkannte Ausflußziffer Sicherheitsventil
A_s engster Strömungsquerschnitt Sicherheitsventil

❑ *Bemessung mittels empirisch ermittelter Kombinationsausflußzahl*
Für eine Kombination von einem bestimmten Sicherheitsventiltyps eines bestimmten Herstellers mit einem bestimmten Berstscheibentyp wird durch Strömungsversuche eine Kombinationausflußzahl festgelegt. (Die ISO legt als Medium Sattdampf oder überhitzen Dampf für Gasanwendungen und Wasser für Flüssigkeitsanwendungen nahe.)

❑ *Kombinationsfaktor nach ISO-Vorschlag*

$$F_d = 1 - \frac{1}{2} \cdot \left[\left(\frac{1}{\alpha^2} \right) - 1 \right] \cdot \beta^2 \cdot K_{sv}^2 \cdot \left(\frac{A_{sv}}{A_B} \right)^2$$

$\beta = v_b / v_{sv}$ mit v_b und v_{sv} den spezifischen Volumina an Berstscheibe und Sicherheitsventil beim Ansprechdruck und -temperatur

94 Berstsicherungen

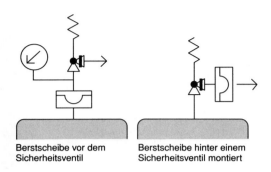

Berstscheibe vor dem Sicherheitsventil

Berstscheibe hinter einem Sicherheitsventil montiert

parallel installierte Berstscheibe

Bild 6.11 Kombinationsmöglichkeiten von Berstscheibe und Sicherheitsventil

α Ausflußziffer der Berstscheibe
K_{sv} verminderte Ausflußziffer des Sicherheitsventils
A_{sv} kleinster Strömungsquerschnitt des Sicherheitsventils
A_B effektiver Strömungsquerschnitt der Berstscheibe

6.4.1 Berechnungsbeispiele

Beispiel 6.1
Medium
Wärmeträgeröl Diphyl
molare Masse   160
Dichte beim Abblasen   965 kg/m³
Berstdruck   7 bar Ü
Massenstrom   625 kg/h

Art des Mediums		Diphyl
Aggregatzustand		flüssig
Dichte	ϱ in [kg/m³]	965,00
Auslegungsfall		
Gegendruck	[bar]	1
Berstdruck	p in [bar] abs	8
Temperatur	T in [°C]	35
Durchsatzmenge	q_m in [kg/h]	625
	q_m in [kg/s]	0,17
Ausflußziffer	α	0,5 nach AD-A1
Strömungsquerschnitt	A_0 in [mm²]	9
Mindestdurchmesser	d_0 in [mm]	3,5

Berechnung des Massenstroms

Berstscheibendurchmesser	DN [mm]	15
freier Querschnitt	%	ca. 91
freie Querschnittsfläche	$A_{0,\,eff}$ [mm²]	126 VD TÜV BS 94-004
Massenstrom	q_m [kg/h]	8912
	q_m [kg/s]	2,48

Beispiel 6.2
Stickstoff 6 bar ü bei 90 °C,
Abblasemenge 1500 m³/h bzw. 9743 kg/h
entlastet wird gegen Atmosphäre mit scharfkantigem Einlauf

Art des Mediums		Stickstoff
Aggregatzustand		gasförmig
Isentropenexponent	k	1,4
molare Masse	M in [kg/kmol]	28,01
Gaskonstante	R in [J/kg K]	296,83
spezifisches Volumen	v in [m³/kg]	0,15
Auslegungsfall		
Gegendruck	p in [bar] absolut	1
Berstdruck	p in [bar] absolut	7
Temperatur	T in [°C]	90

Durchsatzmenge	q_m in [kg/h]	9743
	q_m in [kg/s]	2,71
Ausflußfunktion	ψ	0,48
Ausflußziffer	α	0,73
Strömungs-querschnitt	A_0 in [mm^2]	2540
Mindest-durchmesser	d_0 in [mm]	56,9

Berechnung des Massenstroms

Berstscheiben-durchmesser	DN [mm]	65
freier Querschnitt	%	75
freie Quer-schnittsfläche	$A_{0,\,eff}$ [mm^2]	2489
Massenstrom	q_m [kg/h]	9550
	q_m [kg/s]	2,65

Der Massenstrom ist mit derselben Ausflußziffer wie zur Festlegung des Strömungsquerschnitts berechnet.

7 Explosionssicherungen

7.1 Druckentlastung bei Staubexplosionen

Überall dort, wo mit großen Staubmengen gearbeitet wird, besteht die Gefahr einer Staubexplosion, denn unter bestimmten Bedingungen kann es zu einer spontanen Oxidation von Staubpartikeln brennbarer Stoffe kommen. Zum Schutz von Personal und Anlagen sind geeignete Schutzmaßnahmen zu ergreifen.

7.1.1 Vorbeugender Explosionsschutz

Zu diesen Maßnahmen gehört die Vermeidung von Zündquellen und entsprechende Vorsichtsmaßnahmen, daß Staub-Luft-Gemische nicht im kritischen Konzentrationsbereich liegen. Von großer Bedeutung ist hierbei die Inertisierung der Anlage, d.h., der Prozeß läuft nicht unter Sauerstoff bzw. Luft, sondern unter nichtzündenden Gasen, z.B. Stickstoff, ab.

Eine weitere Schutzmaßnahme vor Staubexplosionen ist die druckfeste Bauweise einer Anlage. Diese konstruktiven Maßnahmen sind sehr sicher, aber auch aufwendig und daher teuer. Aufgrund der hohen Drücke kommen nur Bauteile mit begrenzten Abmessungen zum Einsatz.

7.1.2 Explosionsdruckentlastung

Hier wird der bei einer möglichen Explosion auftretende Überdruck durch die Freigabe definierter Entlastungsöffnungen in eine ungefährliche Richtung abgeleitet.

Neben den Explosionsklappen bilden Berstscheiben (Explosionspaneele) eine wirksame Methode, um eine schnelle Druckentlastung zu gewährleisten.

Bild 7.1 zeigt die typischen Druckverläufe für eine Staubexplosion ohne Druckentlastungseinrichtung und mit Explosionsdruckentlastung. Für eine funktionsgerechte Ausle-

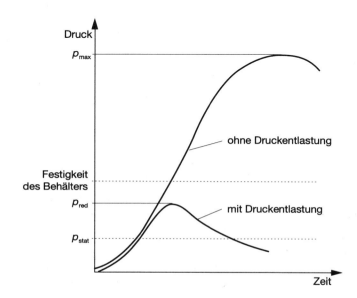

Bild 7.1
Druckverlauf einer Staubexplosion, wobei

p_{max}: maximaler Explosionsdruck
p_{red}: reduzierter Explosionsdruck
p_{stat}: statischer Ansprechdruck, der Druck bei dem der Berstvorgang einsetzt

gung muß der statische Ansprechdruck p_{stat} ermittelt werden. Bei einem vorgegebenen Werkstoff kann p_{stat} nach folgender Gleichung für Berstscheiben in runder Ausführung ermittelt werden:

$$p_{stat} = \frac{s \cdot \delta_B}{D} = \frac{K}{D} \qquad \text{(Gl. 7.1)}$$

Dabei ist s die Dicke der Berstscheibe, δ_B entspricht die Zugfestigkeit des Werkstoffes, D steht für den Durchmesser der Öffnung und K ist eine Werkstoffkonstante. Diese Gleichung konnte auch durch Versuchsergebnisse an Berstscheiben aus verschiedenen Materialien (Kunststoff, Aluminium) bestätigt werden. Bei der Anwendung der Gleichung ist allerdings zu beachten, daß bei gleicher Materialstärke unterschiedliche Festigkeiten auftreten können.

7.1.3 Berstscheibe als Druckentlastung

Die Entlastungsöffnung bei Berstscheiben ist gasdicht abgeschlossen. Nach jeder Druckentlastung (Bild 7.2) muß eine Auswechslung vorgenommen werden. Der kleinstmögliche Ansprechdruck beträgt 0,035 bar, wobei der maximale Betriebsdruck 50% des Ansprechdruckes nicht überschreiten sollte. Tritt Vakuum auf, muß bei flachen Berstscheiben eine Vakuumstütze vorgesehen werden. Als Werkstoffe können Aluminium, Edelstahl oder PTFE eingesetzt werden. Je nach Temperatur und Ansprechdruck sind auch Materialkombinationen möglich. Die maximale Einsatztemperatur von PTFE ist 260 °C, von Aluminium 345 °C und von Edelstahl beträgt sie etwa 690 °C. Mit speziellen Temperaturfiltern sind auch höhere Betriebstemperaturen möglich.

7.1.4 Richtlinien für die Auslegung

Um Anlagen und Personal wirkungsvoll schützen zu können, ist bei der Dimensionierung von Berstscheiben große Sorgfalt aufzuwenden. Außer den Sicherheitsregeln der ver-

Bild 7.2 Berstscheibe in rechteckiger Form (Fabr.: STRIKO)

schiedenen gewerblichen Berufsgenossenschaft gibt es die VDI-Richtlinie 2263 für Staubbrände und Staubexplosionen. Für die Bemessung der Druckentlastungsfläche ist die VDI-Richtlinie 3673 maßgebend. Mit Hilfe von Nomogrammen läßt sich die notwendige Entlastungsfläche ermitteln. Dafür sind folgende Angaben notwendig:

- Volumen, Abmessungen und Aufstellungsort des abzusichernden Behälters,
- Medium und Druckanstiegsgeschwindigkeit,
- Staubexplosionsklasse und K(ST)-Wert,
- Betriebsdruck und -temperatur (reduzierter Explosionsdruck),
- Berechnungsdruck des Behälters.

Aus der Einteilung in verschiedene Staubexplosionsklassen und die Zuordnung des K(ST)-Wertes ist die Gefährlichkeit von Stäuben ersichtlich (Tabelle 7.1).

Der K(ST)-Wert läßt sich mit Hilfe des Kubischen Gesetzes darstellen. Dabei ist dp/dt_{max} als Druckanstiegsgeschwindigkeit bei einem

Tabelle 7.1 K(ST)-Werte und Staubexplosionsklassen
St 0: ist unbrennbar, St 1: relativ harmlos und leicht zu schützen, ST 2: organische Stäube, ST 3: explosive Metallpulver

K(ST)-Wert (bar m/s)	Staubexplosionsklasse
0	ST 0
0…200	ST 1
200…300	ST 2
> 300	ST 3

festgelegten Behältervolumen V die wichtigste Kenngröße. Es gilt der folgende mathematische Zusammenhang:

$$K(ST) = \left(\frac{dp}{dt}\right)_{max} \times V^{1/3} \quad \text{(Gl. 7.2)}$$

In Versuchen konnte nachgewiesen werden, daß diese Gleichung bis zu einem Behältervolumen von 1000 m³ anwendbar ist. Bei der Ermittlung der Druckentlastungsfläche können eventuell vorhandene Einbauten vom Behältervolumen abgezogen werden. Dabei ist darauf zu achten, daß der Entlastungsvorgang von den Einbauten (z.B. Filterschläuchen) nicht behindert wird. Im Zweifelsfall muß das ungehinderte Ausströmen durch Versuche nachgewiesen werden.

7.1.5 Bemessung der Druckentlastungsöffnung bei Explosionen

Tritt durch Explosionen, Implosionen, chemische Reaktionen, Verpuffungen u.a. Ursachen ein schneller Druckanstieg auf, kann die Berstsicherung nur dann einigermaßen zuverlässig ausgelegt werden, wenn folgende Faktoren bekannt sind:

❏ zeitlicher Verlauf des Druckanstiegs,
❏ abzuführender Massenstrom, z.B. durch Messungen an Versuchsbehältern,
❏ maximaler Überdruck im Behälter,
❏ «Trägheit» der Berstsicherung,
❏ statischer Ansprechdruck der Berstsicherung.

$$A_0 = \frac{V_L^{1/3} \cdot V^{2/3} \cdot \left(\frac{dp_{ex}}{dt}\right) \cdot p_{red} \cdot V_L}{\alpha \cdot \sqrt{\frac{2 \cdot \tilde{R} \cdot T}{M}} \cdot \sqrt{p_{red} \cdot (p_{red} - p_e)}} \quad \text{(Gl. 7.3)}$$

mit:
A_0 erforderlicher Mindestquerschnitt in m²
V_L Volumen des abzusichernden Behälters in m³
V Volumen des Versuchsbehälters in m³
$\left(\frac{dp_{ex}}{dt}\right) \cdot p_{red} \cdot V_L$ zeitlicher Druckanstieg im Versuchsbehälter in bar/s
α Ausflußzahl
$\tilde{R}$ allgemeine Gaskonstante in J/(kmol · K)
T absolute Temperatur in K
M molare Masse in kg/kmol
p_{red} noch zulässiger Druck für das abzusichernde System in bar

Ausgehend von der in Gleichung 7.3 abgehandelten theoretischen Beziehung kann man den engsten Querschnitt eines beliebigen Behälters aus dem experimentell ermittelten engsten Querschnitt eines Versuchsbehälters mit Gleichung 7.4 ermitteln:

$$A_0 = A_K \cdot V_2 \cdot \sqrt[3]{\frac{V_1}{V_2}} \quad \text{(Gl. 7.4)}$$

mit:
A_0 engster Querschnitt des abzusichernden Behälters in m²
A_K kritischer Querschnitt des Versuchsbehälters mit 1 m³ Inhalt in m²/m³
V_1 Inhalt des Versuchsbehälters = 1 m³
V_2 Inhalt des abzusichernden Behälters in m³

Da $V_1 = 1$ m³, vereinfacht sich Gleichung 7.4 wie folgt:

$$A_0 = A_K \cdot V_2^{2/3} \quad \text{(Gl. 7.5)}$$

7.2 Flammendurchschlagsicherungen

Bei brennbaren Flüssigkeiten und Gasen ist mit einer explosionsfähigen Mischung zu rechnen. Deshalb sind flammendurchschlagsichere Armaturen vorzusehen. Man unterscheidet dabei zwischen (Bild 7.3):

- Explosionssicherungen,
- Detonationssicherungen,
- Dauerbrandsicherungen.

Explosionssicherungen arbeiten in beiden Richtungen und sind Flammensicherungen. Ihre Aufgabe ist, die Flamme zu löschen. Die andere Ausführung ist eine Detonationssicherung, die zusätzlich die Aufgaben der Explosionssicherung übernimmt. Dauerbrandsicherungen dienen der atmosphärischen Be- und Entlüftung.

Die Auslegung der Armaturen dazu erfolgt aus der Erfahrung, daß in engen Spalten durch Energieaustausch Flammen erlöschen.

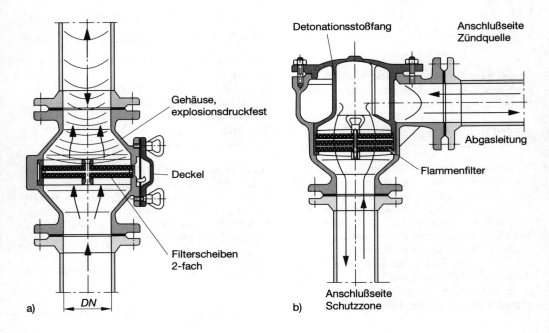

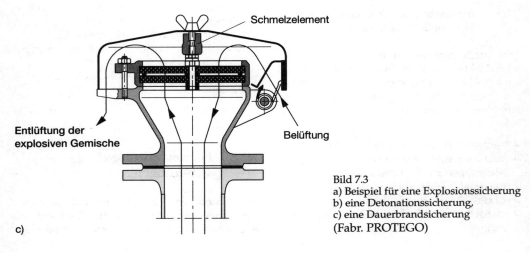

Bild 7.3
a) Beispiel für eine Explosionssicherung
b) eine Detonationssicherung,
c) eine Dauerbrandsicherung
(Fabr. PROTEGO)

Die Spaltweite richtet sich nach den einzelnen Stoffen, die in Explosionsgruppen eingeteilt sind. Das wichtigste Bauteil ist die Flammensperre, die aus einer Wicklung von Edelstahlband besteht, wobei im Wechsel glattes und gewelltes Band Verwendung findet. Diese Filterscheiben liegen in einem Gehäuse, das in der Rohrleitung montiert wird. Ähnliche Ausführungen, wie z. B. Überdruck-Membranventile, können einem ähnlichen Zweck dienen.

7.3 Bandsicherung

Wichtigster Bauteil flammendurchschlagsicherer Armaturen ist die sog. Bandsicherung (Bild 7.4). Sie entsteht durch paralleles Aufrollen je eines glatten und gewellten Bandes, so daß Scheiben mit einer Vielzahl von gleich großen Kanälen mit dreieckigem Querschnitt gebildet werden. Durch Veränderung der Riffeltiefe entstehen unterschiedliche Spaltweiten ($w = 0{,}3\ldots0{,}9$ mm) bei gleicher Spaltlänge von im allgemeinen $l = 10\ldots20$ mm. Je nach Art der flammendurchschlagsicheren Apparatur werden 2 oder 3 Filterscheiben zu einem Sicherungselement zusammengefaßt.

Je nach Verwendung und Einbauart unterscheidet man

❑ *Explosionssichere Armaturen*
   Sie müssen den Flammendurchschlag im Falle einer Explosion unterbinden und

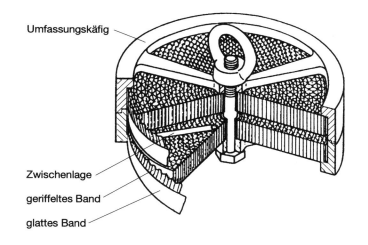

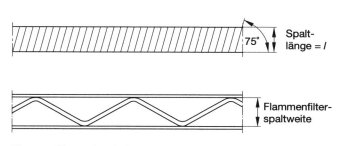

Bild 7.4
Schematische Darstellung einer 2-fach-Bandsicherung
(Fabr. PROTEGO)

Flammenfilterspaltweite je nach Medium
0,7 mm
0,5 mm
0,3 mm

dem auftretenden Explosionsdruck standhalten.
- *Dauerbrandsichere Armaturen*
Sie müssen bei einer Explosion nicht nur den Flammendurchschlag verhindern, sondern auch für eine bestimmte Zeit einem Abbrand standhalten. Es sei denn, es wird durch gezielte Maßnahmen (z.B. automatische Löschanlagen) dafür Sorge getragen, daß es zu keiner längeren Flammenstanddauer im Sperrenbereich kommt.
- *Detonationssichere Armaturen*
Sie müssen einen Flammendurchschlag auch im Falle einer Detonation verhindern und entsprechendem Druck standhalten.

Die Druckfestigkeit solcher Armaturen muß also wesentlich höher sein als die der explosionssicheren Armaturen.

Immer werden die engen Durchtrittsquerschnitte der in den folgenden Ausführungen beschriebenen Sperrenanordnungen vom Zünddurchschlagvermögen des Brenngases oder brennbaren Dampfes besimmt. Davy-Siebe, engmaschige Drahtnetze, Stahlwolle entsprechen wegen ihrer ungenügend definierten Durchtrittskanäle und nicht ausreichender mechanischer Festigkeit nicht mehr den heutigen Anforderungen und sollten nicht mehr angewendet werden.

8 Ableitsysteme

Bei Ansprechen einer Sicherheitseinrichtung kann Dampf, Gas, Flüssigkeit, Feststoff oder eine Mischung ausströmen [3]. Es gibt prinzipiell 3 Möglichkeiten, mit den emittierten Stoffen zu verfahren (Bild 8.1):

- die Behandlung durch Kondensation, Verbrennung usw. sowie
- die Rückhaltung in einem geschlossenen Auffangsystem oder
- die unmittelbare Ableitung in die Umgebung.

Welche der 3 Maßnahmen ergriffen werden, hängt im wesentlichen von der Menge und den Eigenschaften des möglicherweise freigestzten Stoffes ab.

8.1 Geschlossene Auffangsysteme

Geschlossene Auffangsysteme bestehen aus einem Blow-down-Behälter mit größerem Volumen, der über eine Blow-down-Leitung mit dem zu entlastenden Behälter verbunden ist. In einem Beispiel in Bild 8.2 wird ein Reaktor unter dem Druck p_1 und mit dem Volumen V_1 über ein Sicherheitsventil in einen Blow-

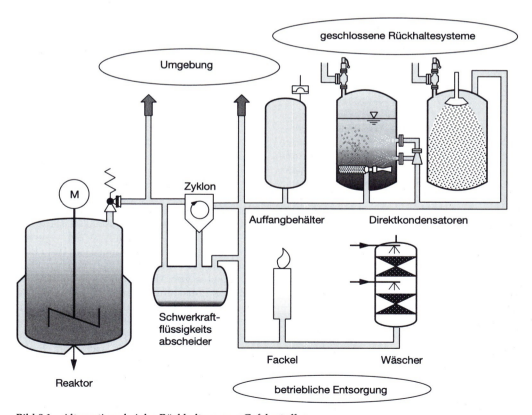

Bild 8.1 Alternativen bei der Rückhaltung von Gefahrstoffen

104 Ableitsysteme

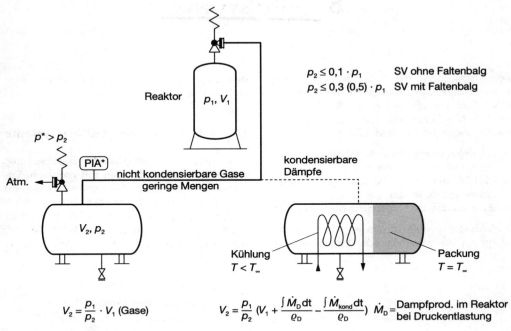

Bild 8.2 Geschlossene Auffangsysteme

down-Behälter mit dem Volumen V_2 druckentlastet. Bei nichtkondensierenden Gasen läßt sich V_2 in erster Näherung mit dem Druck-Liter-Produkt, wie in Bild 8.2 angegeben, berechnen. Abhängig von der Ausrüstung des Sicherheitsventils mit Faltenbalg darf der Gegendruck am Ventil 30 % bzw. 10 % von p_1 nicht überschreiten. Bei geringen Druckverlusten in der Blow-down-Leitung entspricht der Gegendruck etwa p_2. Zusätzlich wird empfohlen, den Blow-down-Behälter gegen unzulässigen Überdruck (z.B. thermische Ausdehnung des Inhalts) mit einem Sicherheitsventil abzusichern.

Die in der Regel großen Dimensionen des Blow-down-Behälters können deutlich reduziert werden, wenn die Gase mit einem akzeptablen technischen Aufwand teilweise oder vollständig kondensiert werden können (siehe Bild 8.2 rechts). Sofern die Kondensationstemperatur bei $p_2 \geq$ der Umgebungstemperatur T_∞ ist, genügt es, den Blow-down-Behälter z.B. mit einer Packung großer Oberfläche als Kältefalle auszurüsten.

8.2 Flüssigkeitsabscheidung

Die vordringliche Aufgabe eines Behandlungssystems bei 2-phasigen Abblasefällen ist die Abtrennung der Flüssigkeiten von der weiteren Behandlung der Entspannungsgase. Um einen gleichmäßigen Mitriß der ausgetragenen Flüssigkeiten bis zum Abscheider zu gewährleisten, muß das Entlastungsorgan als Hochpunkt angeordnet und die Blow-down-Leitung mit gleichem Gefälle bis zum Abscheider verlegt werden. Dadurch wird auch verhindert, daß sich im Laufe der Zeit Flüssigkeit nach dem Entlastungsorgan ansammelt, was beim Ansprechen der Armatur durch starke Beschleunigung zu übermäßigem Impulskräften führen kann.

Wie im Bild 8.3 eingezeichnet, wird sich in der Blow-down-Leitung bei üblichen Ge-

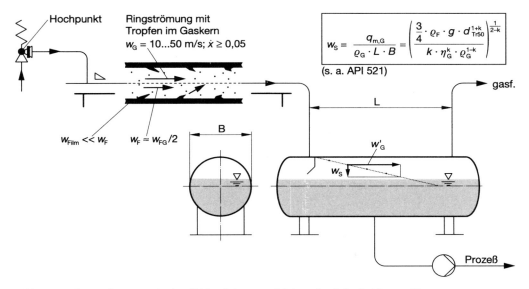

Bild 8.3   2-Phasen-Strömung in der Abblaseleitung und Schwerkraftabscheider zur Phasentrennung

schwindigkeiten von 10...50 m/s eine Ringströmung mit erheblichem Tropfenanteil im Gaskern einstellen. Aus Druckentlastungsversuchen flüssigkeitsgefüllter Behälter unter Siedebedingungen weiß man, daß der Strömungsmassengasgehalt $\dot{x} = q_{m,G}/q_{m,ges}$ in aller Regel im Bereich von $x \geq 0{,}05$ liegt, selbst wenn der Anfangsfüllgrad bei 95% liegt und über Kopf entlastet wird.

Der für eine ausreichende Trennleistung mit einer Grenztropfengröße $d_{Tr,50}$ erforderliche Strömungsquerschnitt ist durch die Behälterbreite B bei maximal zulässigem Füllstand charakterisiert. Bei vorgegebenem Abstand L zwischen Ein- und Austritt kann B mit der in Bild 8.3 angegebenen Beziehung nach Umformung berechnet werden.

Eine alternative, auf den gleichen physikalischen Grundlagen basierende Auslegungsmethode für solche Apparate wird in der Empfehlung Nr. 521 des «American Petroleum Institute» angegeben.

Bei höheren Gasmengenströmen ist die Methode der Scherkraftabtrennung wegen der großen freien Behälterquerschnitte für die Separation nicht mehr wirtschaftlich.

In diesen Fällen empfiehlt es sich, die Phasentrennung in einem aufgesetzten Zyklonabscheider nach Bild 8.4 vorzunehmen. Dabei ist zu beachten, daß das 2-Phasen-Gemisch nicht mit kritischer Strömung in den Apparat eintritt. Dieser Strömungszustand begrenzt, wie die Schallgeschwindigkeit bei 1-phasigen Strömungen den Massenstrom. Er wird durch die sogenannte «kritische Massenstromdichte» $q_{m,krit}$ gekennzeichnet.

Es wird empfohlen, mit der aktuellen Massenstromdichte am Zykloneneintritt unterhalb von 50% der kritischen Massenstromdichte zu bleiben.

Zur Dimensionierung eines geeigneten Apparates sind in Bild 8.4 einige Anhaltswerte angegeben.

Der Abschirmkegel im Zentrum des Zyklons ist erforderlich, um den Mitriß von Flüssigkeit aus dem liegenden Speicherbehälter durch starken Unterdruck im Wirbelkern zu unterbinden. Dabei wirken erhebliche Druckkräfte auf den Abschirmkegel, die in der Festigkeitsberechnung berücksichtigt werden müssen.

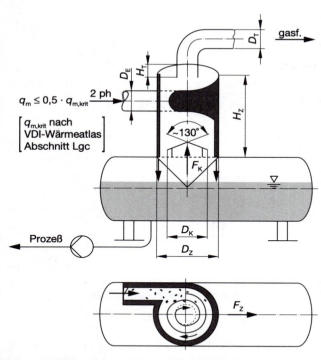

Bild 8.4
Blow-down-Behälter mit aufgesetztem Zyklonabscheider zur Phasentrennung

8.3 Wäscher

Zur Entfernung gefährlicher Substanzen aus dem Gasstrom können Wäscher eingesetzt werden. Sie sollten möglichst einfach aufgebaut sein und ohne Fremdenergie eine ausreichende Waschwirkung erzielen, weil ihre Aktion nur in dem sehr unwahrscheinlichen Fall eines Blow-downs erforderlich ist.

8.4 Verbrennung

Handelt es sich bei den Entlastungsmedien um brennbare Stoffe, empfiehlt sich eine Verbrennung in einem Fackelsystem. Dieses besteht in der Regel aus 3 Abschnitten, die in Bild 8.5 dargestellt sind.

Im ersten Systemabschnitt Fackelgasaufbereitung werden die Flüssigkeiten vom Gas getrennt und weitgehend in den Prozeß zurückgeführt. Sofern es sich um kalte Fackelgase mit Minustemperaturen handelt, werden diese in einer Anwärmstrecke mittels 16-bar-

Verbrennung 107

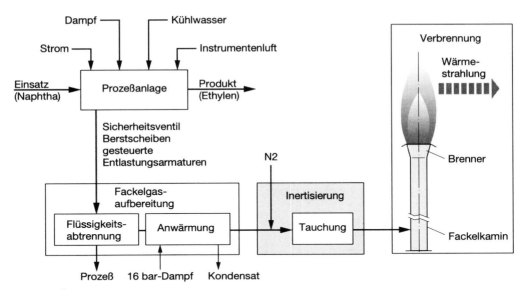

Bild 8.5 Übersicht Prozeßanlage und Fackelsystem

Dampf auf Plustemperaturen erwärmt. Das ist erforderlich, damit die wassergefüllte Tauchung im nachgeschalteten zweiten Systemabschnitt nicht einfriert und verlegt.

In Kombination mit einer permanenten Stickstoffeinspeisung sorgt die Tauchung für eine Inertisierung des Fackelsystems, indem durch permanente Überdruckhaltung über die hydrostatische Druckdifferenz der Tauchung das Eindringen von Luftsauerstoff verhindert wird. Gleichzeitig dient sie als Flammensperre zur Vermeidung von Rückzündungen.

Die Verbrennung der angewärmten trockenen Fackelgase im dritten Systemabschnitt geschieht in einer Hochfackel, die aus einem höheren Fackelkamin und einem aufliegendem Spezialbrenner großer Dimension besteht. Sie vollzieht sich in der Umgebung bei sichtbarer Flamme mit erheblicher Dimension und Wärmeabgabe an die Umgebung durch Strahlung.

9 Stoffdaten

Tabelle 9.1 Wasserdampftafel (Sattdampf)

p	ϑ	Spez. Volumen		Wärmeinhalt		Verdampfungsenthalpie
		Wasser $v' = \dfrac{1}{\varrho}$	Dampf $v'' = \dfrac{1}{\varrho}$	Wasser h'	Dampf h''	Δh_v
bar	°C	m³/kg	m³/kg	kJ/kg	kJ/kg	kJ/kg
1,0	99,632	0,0010434	1,694	417,51	2675,4	2257,9
1,2	104,81	0,0010476	1,428	439,36	2683,4	2244,1
1,4	109,32	0,0010513	1,236	458,42	2690,3	2231,9
1,6	113,32	0,0010547	1,091	475,38	2696,2	2220,9
1,8	116,93	0,0010579	0,9772	490,70	2701,5	2210,8
2,0	120,33	0,0010608	0,8854	504,70	2706,3	2201,6
2,2	123,27	0,0010636	0,8096	517,62	2710,6	2193,0
2,4	126,09	0,0010663	0,7465	529,64	2714,5	2184,9
2,6	128,73	0,0010688	0,6925	540,87	2718,2	2177,3
2,8	131,20	0,0010712	0,6460	551,44	2721,5	2170,1
3,0	133,54	0,0010724	0,6056	561,43	2724,7	2163,2
3,2	135,75	0,0010757	0,5700	570,90	2727,6	2156,7
3,4	137,86	0,0010779	0,5385	579,92	2730,3	2150,4
3,6	139,86	0,0010799	0,5103	588,53	2732,9	2144,4
3,8	141,78	0,0010819	0,4851	596,77	2735,3	2138,6
4,0	143,62	0,0010839	0,4622	604,67	2737,6	2133,0
4,2	145,39	0,0010858	0,4415	612,27	2739,8	2127,5
4,4	147,09	0,0010876	0,4226	619,60	2741,9	2122,3
4,6	148,73	0,0010894	0,4053	626,67	2743,9	2117,2
4,8	150,31	0,0010911	0,3894	633,50	2745,7	2112,2
5,0	151,84	0,001928	0,3747	640,12	2747,5	2107,4
6,0	158,84	0,0011009	0,3155	670,42	2755,5	2085,0
7,0	164,96	0,0011082	0,2727	697,06	2762,0	2064,9
8,0	170,41	0,0011150	0,2403	720,94	2767,5	2046,5
9,0	175,36	0,0011213	0,2148	742,64	2772,1	2029,5
10,0	179,88	0,0011274	0,1943	762,61	2776,2	2013,6
11,0	184,07	0,0011331	0,1774	781,13	2779,7	1988,5
12,0	187,96	0,0011386	0,1632	798,43	2782,7	1984,3
13,0	191,61	0,0011438	0,1511	814,70	2785,4	1970,7
14,0	195,04	0,0011489	0,1407	830,08	2787,8	1957,5
15,0	198,29	0,0011539	0,1317	844,67	2789,9	1945,2
16,0	201,33	0,0011586	0,1237	868,56	2791,7	1933,2
18,0	207,11	0,0011678	0,1103	884,58	2794,8	1910,3
20,0	212,37	0,0011766	0,09954	908,59	2797,2	1888,6
22,0	217,24	0,0011850	0,09065	930,95	2799,1	1868,1
24,0	221,78	0,0011932	0,08320	951,93	2800,4	1848,5

Tabelle 9.1 (Fortsetzung)

p	ϑ	Spez. Volumen		Wärmeinhalt		Verdampfungsenthalpie
		Wasser $v' = \dfrac{1}{\varrho}$	Dampf $v'' = \dfrac{1}{\varrho}$	Wasser h'	Dampf h''	Δh_v
bar	°C	m³/kg	m³/kg	kJ/kg	kJ/kg	kJ/kg
26,0	226,04	0,0012011	0,07686	971,72	2801,4	1829,6
28,0	230,05	0,0012088	0,07139	990,48	2802,0	1811,5
30,0	233,84	0,0012163	0,06663	1008,4	2802,3	1793,9
35,0	242,54	0,0012345	0,05703	1049,8	2802,0	1752,2
40,0	250,33	0,0012521	0,04975	1087,4	2800,3	1712,9
45,0	257,41	0,0012691	0,04404	1122,1	2797,7	1675,6
50,0	263,91	0,0012858	0,03943	1154,5	2794,2	1639,7
55,5	269,93	0,0013023	0,03563	1184,9	2789,9	1605,0
60,0	275,55	0,0013187	0,03244	1213,7	2785,0	1571,3
65,0	280,82	0,0013350	0,02972	1241,1	2779,5	1538,4
70,0	285,79	0,0013513	0,02737	1267,4	2773,5	1506,0
75,0	290,50	0,0013677	0,02533	1292,7	2766,9	1474,2
80,0	294,97	0,0013842	0,02353	1317,1	2759,9	1442,8
85,5	299,23	0,0014009	0,02193	1340,7	2752,5	1411,7
90,0	303,31	0,0014179	0,02050	1363,7	2744,6	1380,9
95,0	307,21	0,0014351	0,01921	1386,1	2736,4	1350,2
100,0	310,96	0,0014526	0,01804	1408,0	2727,7	1319,7
110,0	318,05	0,0014887	0,01601	1450,6	2709,3	1258,7
120,0	324,65	0,0015268	0,01428	1491,8	2689,2	1197,4
130,0	330,83	0,0015672	0,01280	1532,0	2667,0	1135,0
140,0	336,64	0,0016106	0,01150	1571,6	2642,4	1070,7
160,0	347,33	0,0017103	0,009308	1650,5	2584,9	934,3
180,0	356,96	0,0018399	0,007498	1734,8	2513,9	779,1
200,0	365,70	0,0020370	0,005877	1826,5	2418,4	591,9
220,0	373,69	0,0026714	0,003728	2011,1	2195,6	184,5

Tabelle 9.2   Stoffwerte von Flüssigkeiten

Medium	Chem. Formel	Dichte[1] in kg/m³	Siedepunkt bei 760 Torr in °C
Ethan	C_2H_6	326	$-88,6$
Ethylen	C_2H_4	346[1]	$-103,7$
Ethylchlorid	C_2H_5Cl	892	12,5
Ammoniak	NH_3	609	$-33,4$
Azeton	CH_3COCH_3	917	56
Benzin	–	680	80–130
Benzol	C_6H_6	880	80
Butan	C_4H_{10}	580	$-0,5$
Butylen	C_4H_8	600	$-6,3$
Dieselöl	–	880	175
Diphyl	–	1060	256
Flugkraftstoff, JP 4	–	670	70–90
Freon 12	CF_2Cl_2	1330	$-29,8$
Glykol	$C_2H_4OH_2$	1140	–
Glyzerin	CHO_4	1260	290
Heizöl, leicht	–	850	175
Heizöl, schwer	–	950	220–350
Kalilauge, 20 %	KOH	1188	–
Maschinenöl	–	910	380
Methanol	CH_3OH	792	64,7
Natronlauge, 20 %	NaOH	1220	–
Naphthalin	$C_{10}H_6$	1145	218
Petroleum	–	810	150–300
Propan	C_3H_8	500	$-42,1$
Propylen	C_3H_6	550	$-47,8$
Salpetersäure	HNO_2	1560	86
schweflige Säure	H_2SO_3	1400	338
Trichlorethylen	C_2GCl_3	1470	87
Wasser	H_2O	998	100
Wasser, schweres	D_2O	1100	101,4

[1]) Dichte bei 20 °C, bei Ethylen bei 0 °C.

Tabelle 9.3 Stoffwerte von Wasser bei $p = 1$ bar

t °C	ϱ kg/m³	c_p kJ/kg K	β 10^{-3}/K	λ 10^{-3} W/mK	η 10^{-6} kg/ms	ν 10^{-6} m²/s	a 10^{-6} m²/s	Pr –
0	999,8	4,217	–0,0852	569	1750	1,75	0,135	13,0
10	999,8	4,192	+0,0823	587	1300	1,30	0,140	9,28
20	998,4	4,182	0,2067	604	1000	1,00	0,144	6,94
30	995,8	4,178	0,3056	618	797	0,800	0,148	5,39
40	992,3	4,179	0,3890	632	544	0,656	0,153	4,30
50	988,1	4,181	0,4623	643	643	0,551	0,156	3,54
60	983,2	4,185	0,5288	654	463	0,471	0,159	2,96
70	977,7	4,190	0,5900	662	400	0,409	0,162	2,53
80	971,6	4,196	0,6473	670	351	0,361	0,164	2,20
90	965,2	4,205	0,7018	676	311	0,322	0,166	1,94

t Celsius-Temperatur
ϱ Dichte
c_p spezifische Wärmekapazität bei konstantem Druck
β Wärmeausdehnungskoeffizient
λ Wärmeleitfähigkeit
η dynamische Viskosität
ν kinematische Viskosität
a Temperaturleitfähigkeit
Pr Prandtlzahl

Tabelle 9.4 Dichte ϱ [kg/m³] von Wasser bzw. Wasserdampf in Abhängigkeit von Druck und Temperatur

Druck bar	Temperatur in °C								
	0	20	50	100	150	200	250	300	350
1	999,9	998,4	988,1	0,5895	0,5163	0,4156	0,4156	0,3789	0,3483
5	1000,1	998,6	988,3	958,4	916,8	2,353	2,108	1,913	1,754
10	1000,2	998,8	988,5	958,6	917,1	4,856	4,297	3,876	3,540
20	1000,7	999,2	988,9	959,0	917,7	865,0	8,972	7,969	7,217
30	1001,2	999,8	989,4	959,6	918,3	856,8	14,17	12,32	11,04
40	1001,7	1000,1	989,8	960,0	918,8	866,6	799,2	16,99	15,05
50	1000,2	1000,5	990,2	960,5	919,4	867,3	800,4	22,06	19,25
60	1002,7	1001,0	990,7	961,0	920,0	868,1	801,6	27,65	23,68
70	1003,2	1001,4	991,1	961,4	920,5	868,9	802,7	33,94	28,38
80	1003,7	1001,9	991,5	961,9	921,1	869,6	803,8	41,24	33,38
90	1004,2	1002,3	991,9	962,4	921,7	870,4	804,9	713,1	38,77
100	1004,7	1002,8	992,4	962,8	922,2	871,1	806,0	715,4	44,60
150	1007,2	1005,0	994,5	965,1	925,0	874,7	811,4	725,8	87,07
200	1009,6	1007,2	996,6	967,5	927,7	878,2	816,5	735,0	600,3
250	1012,1	1009,3	998,7	969,7	930,4	881,6	821,3	743,4	624,9
300	1014,5	1011,5	1000,7	971,9	933,0	884,9	826,0	751,0	643,4
350	1016,9	1013,6	1002,7	974,1	935,6	888,1	830,4	758,1	658,5
400	1019,2	1015,8	1004,7	976,2	938,1	891,3	834,7	764,7	671,4
450	1021,5	1017,9	1006,7	978,3	940,5	894,3	838,8	771,0	682,7
500	1023,8	1019,9	1008,7	980,5	943,0	897,3	842,8	776,9	692,9
600	1028,4	1024,0	1012,6	984,5	947,7	903,1	850,3	787,7	710,7
700	1032,9	1028,1	1016,4	988,5	952,3	908,6	857,5	797,5	725,9
800	1037,2	1032,1	1020,1	992,4	956,7	914,0	864,2	806,7	739,3
900	1041,4	1036,0	1023,8	996,3	961,1	919,2	870,6	815,2	751,5
1000	1045,5	1039,9	1027,4	1000,0	965,3	924,2	876,7	823,2	762,5

Tabelle 9.4 (Fortsetzung)

Druck bar	Temperatur in °C					
	400	450	500	600	700	800
1	0,3223	0,29999	0,2804	0,2483	0,2227	0,2019
5	1,620	1,505	1,406	1,244	1,115	1,010
10	3,262	3,027	2,824	2,493	2,233	2,023
20	6,615	6,117	5,694	5,011	4,480	4,053
30	10,06	9,274	8,611	7,554	6,741	6,092
40	13,62	12,50	11,57	10,12	9,016	8,138
50	17,30	15,80	14,59	12,71	11,30	10,19
60	21,10	19,19	17,66	15,33	13,60	12,25
70	25,05	22,65	20,79	17,98	15,92	14,32
80	29,14	26,21	23,97	20,65	18,25	16,40
90	33,41	29,87	27,21	23,35	20,60	18,48
100	37,87	33,62	30,52	26,08	22,96	20,57
150	63,87	54,20	48,09	40,17	34,97	31,15
200	100,5	78,71	67,69	55,05	47,36	41,92
250	166,4	109,0	89,86	70,78	60,12	52,87
300	356,4	148,6	115,2	87,44	73,27	64,00
350	474,6	201,8	144,4	105,0	86,79	75,30
400	523,4	270,6	178,1	123,7	100,6	86,76
450	554,3	343,0	216,0	143,3	114,9	98,37
500	577,3	402,0	257,0	163,8	129,5	110,1
600	611,6	479,4	338,7	207,0	159,4	133,9
700	637,4	528,1	406,1	251,7	190,2	158,0
800	658,6	563,2	457,0	295,8	221,2	182,0
900	676,6	590,6	496,4	337,1	251,9	206,3
1000	692,3	613,2	528,0	374,6	281,9	230,1

Kritische Zustandsgrößen: p_c = 221,20 bar; t_c = 374,15 °C; T_c = 647,30 K; ϱ_c = 315 kg/m³; molare Masse M = 18,016 kg/kmol

114 Stoffdaten

Tabelle 9.5 Stoffwerte für Gase und Dämpfe

Medium	Chem. Formel	molare Masse M	Dichte[1] ϱ in kg/Nm³	Gas-Konstante R in $\frac{J}{K \cdot kg}$	Isentropen-exponent k	krit. Druck-verhältnis	Ausflußfunktion ψ_{max}	Siedepunkt[2] in °C	Verdampfungsenthalpie[3] in $\frac{kJ}{kg}$	krit. Temp. in °C	krit. Druck in bar abs.
Acetylen	C_2H_2	26,1	1,172	319	1,23	0,558	0,463	−83,6	883	35,5	64,1
Ammoniak	NH_3	17,0	0,771	488	1,31	0,542	0,474	−33,4	1383	132,4	115
Argon	Ar	39,9	1,784	208	1,65	0,486	0,514	−186	159	−117,6	52,3
Ethan	C_2H_6	30,1	1,357	276	1,20	0,564	0,459	−88,6	490	32,1	50,4
Ethylen	C_2H_4	28,1	1,260	296	1,25	0,555	0,465	−103,7	523	13,0	51,7
Benzoldampf	C_6H_6	78,1	3,485	106	1,12	0,581	0,447	80,1	395	288,5	49,5
Butan	C_4H_{10}	58,1	2,732	143	1,11	0,583	0,446	−0,5	386	153	38,7
Butylen	C_4H_8	56,1	2,503	148	1,20	0,564	0,459	−6,3	403	146,4	41
Chlor	Cl_2	70,9	3,214	117	1,34	0,539	0,477	−34	268	146	78,4
Chlorwasserstoff	HCl	36,5	1,639	228	1,39	0,530	0,483	−85	444	51	84,1
Diphenyl	$C_{12}H_{10}$	154,1	6,880	54	−	−	−	256	311	495	32,9
Diphyl	−	165,7	3,800	50	1,05	0,595	0,444	256	289	−	−
Erdgas	−	16,6	0,740	500	1,30	0,548	0,472	−	−	−	−
Fluor	F_2	37,8	1,690	219	−	−	−	−188	159	−129	55
Freon 12	CF_2Cl_2	120,9	5,400	69	1,14	0,576	0,450	−29,8	167	11,5	39,6
Generatorgas	−	23,5	1,130	354	1,39	0,530	0,483	−269	31	−267,9	−
Helium	He	4,0	0,179	2077	1,63	0,442	0,510	−	−	−	2,38
Hexan	C_6H_{14}	86,1	3,940	97	1,06	0,593	0,438	68,7	336	235	31,0
Kohlendioxid	CO_2	44,0	1,977	189	1,30	0,546	0,472	−78,4	574	31,0	75,5
Kohlenoxid	CO	28,0	1,250	297	1,40	0,529	0,484	−191,6	318	−138,7	35,7
Koksofengas	−	11,8	0,540	701	1,34	0,539	0,477	−	−	−	−
Luft	−	29,0	1,293	287	1,40	0,528	0,484	−193	197	−140,7	38,4
Methan	CH_4	16,0	0,717	518	1,31	0,544	0,473	−161,5	511	−81,5	47,1
Methanol	CH_3OH	32,0	1,430	259	1,24	0,557	0,464	64,7	1161	232,8	81,3
Methylchlorid	CH_3Cl	50,5	2,308	165	−	−	−	−23,7	427	141,5	68,1

Stoffdaten

Pentan	C$_5$H$_{12}$	72,1	3,450	115	1,08	0,589	0,441	36,1	359	197,2	34,1
Propan	C$_3$H$_8$	44,1	2,010	189	1,14	0,576	0,450	−42,1	427	95,6	43,5
Propylen	C$_3$H$_6$	42,1	1,915	198	1,14	0,576	0,450	−47,8	440	97,0	47,1
Sauerstoff	O$_2$	32,0	1,429	260	1,40	0,528	0,484	−183	214	−118,0	50,5
Schwefeldioxid	SO$_2$	64,1	2,926	130	1,278	0,550	4,69	−10	402	157,3	80,4
Schwefelwasserstoff	H$_2$S	34,1	1,536	244	1,33	0,540	0,476	−60,4	546	99,6	95,0
Schwerwasser	D$_2$O	20,0	0,890	–	–	–	–	101,4	2069	371,5	214,4
Stadtgas	–	11,8	0,540	701	1,34	0,539	0,377	–	–	–	–
Stickstoff	N$_2$	28,0	1,251	297	1,40	0,528	0,484	−195,7	–	−146,7	32,5
Vinylchlorid	C$_2$H$_3$Cl	62,5	2,780	127	1,29	–	0,471	−14	–	–	–
Wasserstoff	H$_2$	2,0	0,0800	4124	1,41	0,527	0,485	−252,8	461	−239,9	13,2

Der jeweilige Aggregatzustand (flüssig/gasförmig) ist aus der mediumbezogenen Dampfdruckkurve (Techn. Literatur) zu entnehmen.

[1]) Dichte bei 0 °C und 1 bar
[2]) Siedepunkt bei 1 bar
[3]) Verdampfungsenthalpie bei Siedepunkt

Dichte $\varrho = \varrho_n \dfrac{p \cdot 273\,\text{K}}{1{,}013\,\text{bar} \cdot T}$

Volumenstrom $q_v = q_n \dfrac{1{,}013\,\text{bar} \cdot T}{p \cdot 273\,\text{K}}$

Massenstrom $q_m = q_n \cdot \varrho_n$

Wenn keine Angabe der Normdichte ϱ_n, kann folgende Näherungsformel angewendet werden: $\varrho_n = \dfrac{M}{22{,}4}$

Tabelle 9.6 Stoffdaten von Kältemitteln

Gruppe	Kältemittel Kurzzeichen nach DIN 8962	chemische Formel	kritische Temperatur °C	absoluter kritischer Druck bar	Isentropenexponent bei 1013,25 mbar und 25 °C k	kritisches Druckverhältnis $\left(\frac{p_a}{p}\right)$	Ausflußfunktion bei 1013,25 mbar und 25 °C ψ	molare Masse M kg/kmol	Berechnungsgröße c kg/m³
1	R 11	CCl_3F	198,01	44,03	1,095	0,586	0,444	137,38	0,3
	R 12	CCl_2F_2	112,00	41,58	1,117	0,581	0,447	120,92	0,5
	R 12 B 1	$CBrClF_2$	154,60	41,24	1,106	0,583	0,445	165,37	0,2
	R 13	$CClF_3$	28,78	38,65	1,136	0,577	0,450	104,47	0,5
	R 13 B 1	$CBrF_3$	67,00	39,61	1,128	0,579	0,448	148,93	0,6
	R 22	$CHClF_2$	96,18	49,90	1,168	0,571	0,454	86,48	0,3
	R 23	CHF_3	26,30	48,74	1,191	0,566	0,457	70,01	0,3
	R 113	CCl_2FCClF_2	214,1	34,10	1,064[1]	0,582	0,439	187,39	0,4
	R 114	$CClF_2CClF_2$	145,7	32,63	1,043	0,597	0,436	170,93	0,7
	R 500	$CClF_2/CHF_2CH_3$	105,5	44,27	1,116	0,581	0,447	99,31	0,4
	R 502	$CHClF_2/CClF_2CF_3$	82,16	40,76	0,984	0,610	0,426	111,6	0,4
	R 503	$CHF_3/CClF_3$	19,50	43,43	1,158	0,573	0,453	87,5	0,4
	R 744	CO_2	31,06	73,83	1,30	0,546	0,472	44,01	0,1
2	R 717	NH_3	132,35	113,53	1,31	0,544	0,473	17,03	–
	R 30	CH_2Cl_2	237,00	60,77	1,15[1]	0,574	0,452	84,9	–
	R 40	CH_3Cl	143,10	66,80	1,27	0,551	0,468	50,49	–
	R 764	SO_2	157,65	78,84	1,27	0,551	0,468	64,06	–
3	R 170	CH_3CH_3	32,27	48,84	1,20	0,564	0,459	30,07	–
	R 290	$CH_3CH_2CH_3$	96,67	42,50	1,19	0,566	0,457	44,1	–
	R 600	$CH_3CH_2CH_2CH_3$	152,03	37,96	1,09	0,587	0,443	58,12	–
	R 600 a	$CH(CH_3)_3$	134,98	37,20	1,09	0,587	0,443	58,12	–
	R 1150	CH_2CH_2	9,5	50,76	1,25	0,555	0,465	28,05	–
	R 1270	$CH_3CH=CH_2$	91,6	46,10	1,14	0,576	0,450	42,08	–

[1] Diese Werte gelten für 50 °C.

Stoffdaten 117

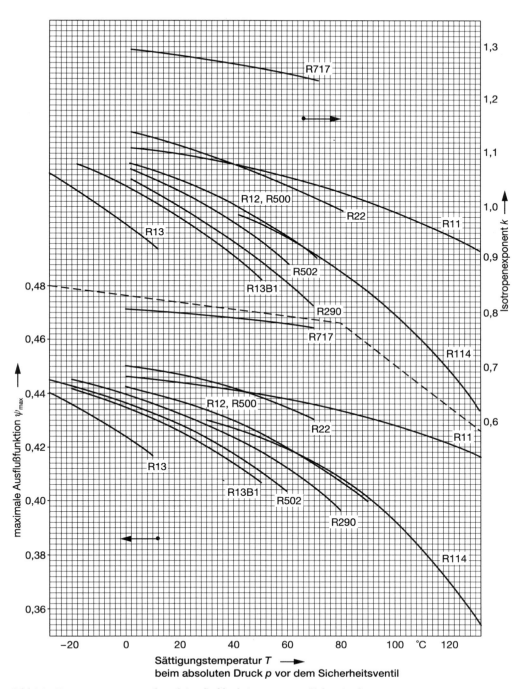

Bild 9.1   Isentropenexponent k und Ausflußfunktion ψ_{max} von Kältemitteln

118 Stoffdaten

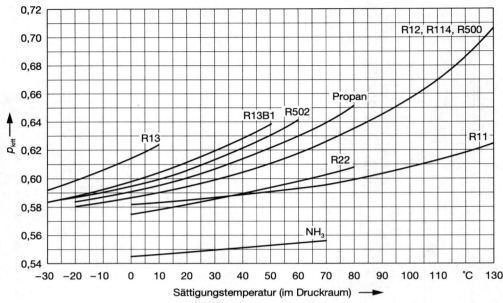

Bild 9.2 Werte des Faktors $p_{krit} = \left(\dfrac{2}{k+1}\right)^{\frac{k}{k-1}}$ für kritische und überkritische Druckverhältnisse von Kältemitteln

Formelzeichen

Die nachfolgenden Zeichen werden nach Möglichkeit grundsätzlich angewendet, wobei Abweichungen und Ergänzungen von diesen Formelzeichen jeweils bei den entsprechenden Gleichungen oder Bildern genannt sind. Nach Möglichkeit wurde versucht, die in den technischen Regelwerken bereits eingeführte Zeichen zu verwenden.

Zeichen	Bedeutung	Einheit
A	Fläche	m²
a	Schallgeschwindigkeit	m/s
A_0	engster Strömungsquerschnitt	mm²
A_a	Querschnitt der Abblaseleitung	mm²
A_E	Querschnitt der Zuleitung	mm²
A_n	Querschnitt des Abblaseendes	mm²
c	spez. Wärmekapazität	kJ/(kg · K)
d	Durchmesser	m
d_0	engster Strömungsdurchmesser	mm
D_a	Durchmesser der Abblaseleitung	mm
D_E	Durchmesser der Zuleitung	mm
D_n	Durchmesser des Abblaseendes	mm
f_a	Flächenverhältnis der Abblaseleitung	–
F_n	Reaktionskraft im Austritt	N
H	Höhe zwischen D_n und d_0	mm
k	Isentropenexponent	–
L	Länge	m
L_a	Länge der Abblaseleitung	mm
L_E	Länge der Zuleitung	mm
M	Masse	kg
M	molare Masse	kg/kmol
p_0	absoluter Druck im Druckraum	bar abs
	Öffnungsdruck	bar abs
p_{a0}	absoluter Gegendruck	bar abs
p_{a0f}	Fremdgegendruck	bar abs
$p_{a0\,zul}$	zulässiger Gegendruck	bar
p_e	Einstellüberdruck	bar
Δp_E	Druckverlust der Zuleitung	bar
Δh_v	Verdampfungsenthalpie	kJ³/kg
p_n	absoluter Druck im Abblaseende	bar abs
p_u	absoluter Umgebungsdruck = 1	bar abs
p_{zul}	zulässiger Behälterdruck	bar abs
q_m	abzuführender Massenstrom	kg/h
q_v	Volumenstrom	m³/s
$\dot{Q}$	Wärmeleistung	kW
R	Gaskonstante	J/(kg · K)
S	Sicherheitsfaktor	–
t	Zeit	s

T		absolute Temperatur des Mediums im Druckraum	K
T_n		absolute Temperatur in D_n	K
V		Volumen	m³
v		spez. Volumen	m³/kg
w		Geschwindigkeit	m/s
Z, Z_0		Realgasfaktor des Mediums im Druckraum	–
Z_a		mittlerer Realgasfaktor in L_a	–
Z_n		Realgasfaktor in D_n	–
α_w		zuerkannte Ausflußziffer	–
λ		Rohrreibungsbeiwert	–
ϱ		Dichte	kg/m³
ν		kinematische Viskosität	m²/s
ζ_a		zul. Widerstandsbeiwert der Abblaseleitung	–
ζ_i		Widerstandsbeiwert für Leitungs- und Einbauteile	–
ζ_z		zul. Widerstandsbeiwert der Zuleitung	–
ψ		Ausflußfunktion	

Literaturverzeichnis

[1] Goßlau, W. und Weyl, R.: Strömungsverluste und Reaktionskräfte in Rohrleitungen bei Notenspannung durch Sicherheitsventile und Berstscheiben. TU 5/6/7–8/9 Düsseldorf: VDI-Verlag, 1989
[2] Seifert, H.; Giesbrecht, H.; Leuckel, W.: Überdachentspannung von schweren Gasen sowie 1- und 2-phasigen Dämpfen. VDI-Berichte Nr. 505, 1983
[3] Thier, B.: Sicherheit in der Rohrleitungstechnik. VULKAN-Verlag, 1996

Stichwortverzeichnis

A
A-Bewertung 59
Ableitsysteme 103
Anlüfthebel 20
Arbeitsdruckdifferenz 67
Auffangsysteme, geschlossene 103
Ausblasefreistrahl, zündfähige Höhe 64
Ausblasegeräusche 58
Ausblaseleitung 44
– für Flüssigkeiten 45
– für Gase und Dämpfe 46
Ausflußfunktion 27 ff.
Ausflußziffer 30, 33
Außenpegel 59

B
Bandsicherung 101
Bauteilprüfblatt 34
Belastungen, seismische 63
Berstscheibe und Sicherheitsventil, Kombination von 92
Berstscheiben
–, flache 90
–, konkav gewölbte 85
–, konvex gewölbte 88
Berstsicherungen 85
Bildzeichen
– für Detonationssicherungen 11
– für Flammensperren 11
– für Sicherheitsarmaturen 10

D
Datenblatt für Sicherheitsventile 73
Dichtheit 72
Druckentlastung bei Staubexplosionen 97
Druckentlastungsöffnung bei Explosionen 99
Druckkraft am Ausblasende 54
Druckmittelbeiwert 30
Druckstoß in der Zuleitung 49
Druckstoßkriterium 50

E
Eigengegendruck 47
Emissionsvermeidung 83
Energiegleichung
– für Flüssigkeiten 22
– für Gase 26
Entspannungstöpfe 78
Explosionen, Druckentlastungsöffnung bei 99
Explosionsdruckentlastung 97
Explosionsschutz, vorbeugender 97
Explosionssicherungen 97

F
Fackelsystem 107
Faltenbalg 68
Faltenbalg-Sicherheitsventil 17
Federkraft 19
Flammendurchschlagsicherungen 99
Flüssigkeiten
–, siedende 25
–, zähe 25
–, Zuleitung von 40
Flüssigkeitsabscheidung 104
Folien-Sicherheitsventil 17

G
Gase und Dämpfe
–, Ausblaseleitung für 46
–, Zuleitung von 40

H
Haubenausführung 69
Hubbegrenzung 33

I
Innenpegel 59
Installation 74

K
Kappe, gasdichte 69
Kappenausführung 69
Kegel, weichdichtender 74
Kombination von Berstscheibe und Sicherheitsventil 92
Kontaktgeber 70
Korrekturfaktor für zähe Flüssigkeiten 26
Kräfte, instationäre 56
Kräftegleichgewicht am Sitz 18

L
Lärmbelastung 58
Lavalgeschwindigkeit 29
Leckraten, Bestimmung von 72

M
Massenstrom
–, abzuleitende 13
–, gefahrlose Ableitung 76
Membranabdichtung 69
Membran-Sicherheitsventil 17
MSR-Schutzeinrichtung 84
Mündungsdruck 46

N
Normal-Sicherheitsventil 20

Stichwortverzeichnis

P
Proportional-Sicherheitsventil 20

R
Reaktionskraft beim Ausströmen 53

S
Schallausbreitung 59
Schalldämpferauslegung 61
Schalldruckpegel 59
Schalleistungspegel 59
Schallpegel, Zusammenfassung 61
Schwingungsdämpfer 70
seismische Belastungen 63
Sicherheitseinrichtungen, Einteilung gesteuerter 71
Sicherheitsstandrohre 81
Sicherheitsventil
– und Berstscheibe, Kombination von 92
–, Auswahlkriterien 23
–, gewichtsbelastetes 17
Sicherheitsventile
–, Datenblatt für 73
–, direkt wirkende 17
–, federbelastete 65
–, gesteuerte 17, 69
–, gewichtsbelastete 65
Staubexplosion, Druckentlastung bei 97
Stoffdaten 109

Strömungsgeräusche 58
Strömungskraft 19
– am Ausblasende 55
Strömungsquerschnitt, engster 29
Strömungs-Reaktionskraft 55

U
Überströmventile 70

V
Ventilgeräusche 58
Ventilschwingung 39
Ventilsitz, Durchfluß am 22
Ventilzuleitung 38
Verbrennung 106
Verdampfungsanteil 25
Vollhub-Sicherheitsventil 20

W
Wäscher 106
Wechselventil 77
Widerstandsbeiwert in der Zuleitung 42

Z
Zuleitung
– von Flüssigkeiten 40
– von Gasen und Dämpfen 40
–, Druckstoß in der 49
–, Widerstandsbeiwert in der 42

Mit Sicherheit führend...

handtmann

Sicherheit ist ein wesentlicher Faktor, wenn es um die Wirtschaftlichkeit von Produktionsabläufen geht. Handtmann-Sicherheitsventile für Gase, Dämpfe und Flüssigkeiten sind für den Einsatz in der Getränke- und Lebensmittelindustrie sowie der chemisch-pharmazeutischen Industrie prädestiniert. Sie sind bauteilgeprüft entsprechend AD-Merkblatt A 2. Handtmann-Sicherheitsventile sind mit verschiedenen Anschlüssen lieferbar.

Albert Handtmann
Armaturenfabrik GmbH & Co. KG
D-88396 Biberach
Telefon: ++49(0)7351 3420
Telefax: ++49(0)7351 342480
e-Mail: sales.fittings@handtmann.de
Web Site: http://www.handtmann.de

Informationen frei Haus!

2 Ausgaben jetzt zum Nulltarif!

Das Fachmagazin für die Entscheider in der Chemie- und Pharmaindustrie sowie angrenzenden Prozeßindustrien

Sofort anfordern!

☎ 09 31 / 4170 - 451
📠 09 31 / 4170 - 499

Vogel Industrie Medien, Leser-Service, 97064 Würzburg